達克比辦案 3

放屁者聯盟

動物世界的射擊高手

文 胡妙芬　　圖 彭永成

親子天下

課本像漫畫書 童年夢想實現了

臺灣大學昆蟲系名譽教授 **石正人**

讀漫畫，看卡通，一直是小朋友的最愛。回想小學時，放學回家的路上，最期待的是經過出租漫畫店，大家湊點錢，好幾個同學擠在一起，爭看《諸葛四郎大戰魔鬼黨》，書中的四郎與真平，成了我心目中的英雄人物。常常看到忘記回家，還勞動學校老師出來趕人。當時心中嘀咕著：「如果課本像漫畫書，不知有多好！」

拿到《達克比辦案》系列書稿，看著看著，竟然就翻到最後一頁，欲罷不能。這是一本漫畫融入知識的書，非常吸引人。

作者以動物警察達克比為主角，合理的帶讀者深入動物世界，調查各種動物世界的行為和生態，很多深奧的知識，例如擬態、偽裝、共生、演化等，躍然紙上。書中不時穿插「小檔案」和「辦案筆記」等，讓人覺得像是在看CSI影片一樣的精采。而很多生命科學的知識，已經不知不覺進入到讀者腦海中。

真是為現代的學生感到高興，有這麼精采的科學漫畫讀本。也期待動物警察達克比，繼續帶領大家深入生物世界，發掘更多、更新鮮的知識。我相信，達克比在小孩的心目中，有一天，會像是我小時候心目中的四郎和真平一般。

我幼年期待的夢想：「如果課本像漫畫書」，真的是實現了！

從故事中學習科學研究的方法與態度

臺灣大學森林環境暨資源學系教授與生物多樣化中心主任 **袁孝維**

《達克比辦案》系列漫畫圖書趣味橫生，將課堂裡的生物知識轉換成幽默風趣的漫畫。主角是一隻可以上天下海、縮小變身的動物警察達克比，他以專業辦案手法，加上偶然出錯的小插曲，將不同的動物行為及生態知識，用各個事件發生的方式一一呈現。案件裡的關鍵人物陸續出場，各個角色之間互動對話，達克比抽絲剝繭，理出頭緒，還認真的寫了「我的辦案心得筆記」。書裡傳達的不僅是知識，這樣的說故事過程是在教小朋友假說的擬定、邏輯的思考、比對驗證等科學研究的方法與態度。不得不佩服作者由故事發想、構思、布局，再藉由繪者的妙手，生動活潑呈現的高超境界了。

作者是我臺大動物所的學妹胡妙芬，有豐厚的專業背景，因此這一系列的科普漫畫書，添加趣味性與擬人化，讓小朋友在開心快樂的閱讀氛圍裡，獲得正確的科學知識，在大笑之餘，收穫滿滿。

趣味故事情節　激發知識學習力

前國立海洋生物博物館館長
中山大學海洋生物科技暨資源學系教授　**王維賢**

我們居住的地球上住著各式各樣的生物，從昆蟲世界到大型哺乳動物；從陸生生物到海底世界生物，從飛翔空中到悠游大海。他們各有各的居住環境，也各自擁有不同的生存法寶。他們的世界多彩多姿，超乎想像，他們的行為有時更是令人瞠目結舌，不可思議。

這些現象或行為經過生物學家努力探究之後，都逐一揭開神祕面紗，並將研究成果發表在學術刊物或轉化成為教科書上的內容，當然這些發現也是很好的科普教育題材，尤其是在強調環境生態教育的今天，更顯重要。如能將科普題材以淺顯易懂的方式呈現，在寓教於樂的氛圍設計下進行學習，將會有事半功倍的效果。

本書即是希望讀者透過輕鬆的漫畫閱讀，在擬人化的詼諧對話中進行知識的獲取。

故事中的主角達克比是一隻鴨嘴獸，他經由抽絲剝繭的辦案方式來引導大家一步一步的去了解嫌疑犯的行為，中間穿插一些生物或生態習性的介紹，最後並進行有罪無罪判決，希望大家在看完故事之後都能留下深刻印象，並因此了解書中生物的相關知識。

本書擬人化的創作方式，以建構的趣味性來帶動故事情節，建議讀者們以輕鬆的心情閱讀此書，必能有很好的收穫。

一旦開始看，就停不下來

金鼎獎科普作家　**張東君**

鴨嘴獸達克比是一個動物警察，愛心和正義感很強大，為了打擊犯罪上山下海，除了警用背包和警棍之外還配備著生物縮小燈，在接獲民眾報案後，確實調查、追蹤，並在解決問題之後填寫詳盡的調查報告。

達克比辦過的案子愈來愈多，在第三集中，達克比跟女朋友約會，卻遭遇不幸——照過縮小燈在花海中散步時，一顆便便打在女朋友頭上，把女朋友氣跑了！達克比去找做壞事的人，卻目擊幾隻昆蟲正在欺負弱小。經過調查，原來大家只是在邀弄蝶幼蟲打棒球，但弄蝶幼蟲怕自己打棒球時被天敵抓走而拒絕，他平時躲著是為了不被發現，所以會把大便彈到很遠的地方，混淆天敵。達克比恍然大悟，原來他就是破壞約會的元凶！

像這樣，書中都是以這種方式帶出動物的生活與行為，既有趣又非常引人入勝。只要看一篇，就停不下來。作者叫妙妙，寫的故事也實在真是妙啊！

目錄

鴨嘴獸「達克比」是一個動物警察，
駐守在河邊的小木屋派出所。

達克比的任務裝備

達克比，游河裡，上山下海，哪兒都去；
有愛心，守正義，打擊犯罪，他跑第一。

猜猜看，他會遇到什麼有趣的動物案件呢？

微笑警徽
希望天下太平、世界大同。

嘴
扁嘴巴，沒有牙，
最恨被看做鴨子嘴。

潛水鏡
為了耍帥，隨時戴著。

紅領巾
熱愛紅色，
代表滿腔的熱血。

警用背包
裡面什麼都有，
出門辦案時還能順
便帶乖乖和點心。

生物縮小糖
最新科技，
吃一顆，
身體就能縮小。

霹靂腰帶
水桶腰，繫起來
勉勉強強。

尾巴
又寬又扁，
適合在水中快速游泳。

警棍
用來打擊犯罪，
偶而也拿來打打棒球。

皮毛
毛皮厚，可防水，
游泳時就像穿著潛水裝。

嗯嗯棒球隊

約會就約會，
為什麼一定要我吃
「縮小糖」？
張開眼睛看看，
就知道啦。
哇～
啾～
啾～
嗯—
好美的
花海～
嗯—
嗯—

没想到你這麼
浪漫……
嗯嗯
親一個！
嗯……
咻～
叩！
啾！
親這麼用力？
好害羞！
……
嗯？
有怪味……
吸—

噁～頭上
有大便？
抖
抖
約會選這種爛
地方？有沒有
問題啊！
不理你了！
再見！
不……
別走……
嗚哇哇啊～
是哪個缺德鬼
亂丟大便！？
我一定要把牠
抓出來！
哧～
砰
唉喲

哼
沒水準！破壞我的約會，抓到絕不饒他……
咦？
把他拖出來！
哈哈！
救命啊～
！
出來嘛！
我不要！不要拉我！

放開他！三打一，
算什麼男子漢？
再欺負他，
抓你們回警局！
我們沒欺負他。
是要找他打棒球
他不要！
拜託他當投手
都不肯……
對嘛！
跩什麼！
算了，去找
別人玩……
別理那個傢伙。
ㄌㄩㄝ～
ㄌㄩㄝ～

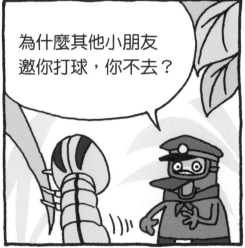

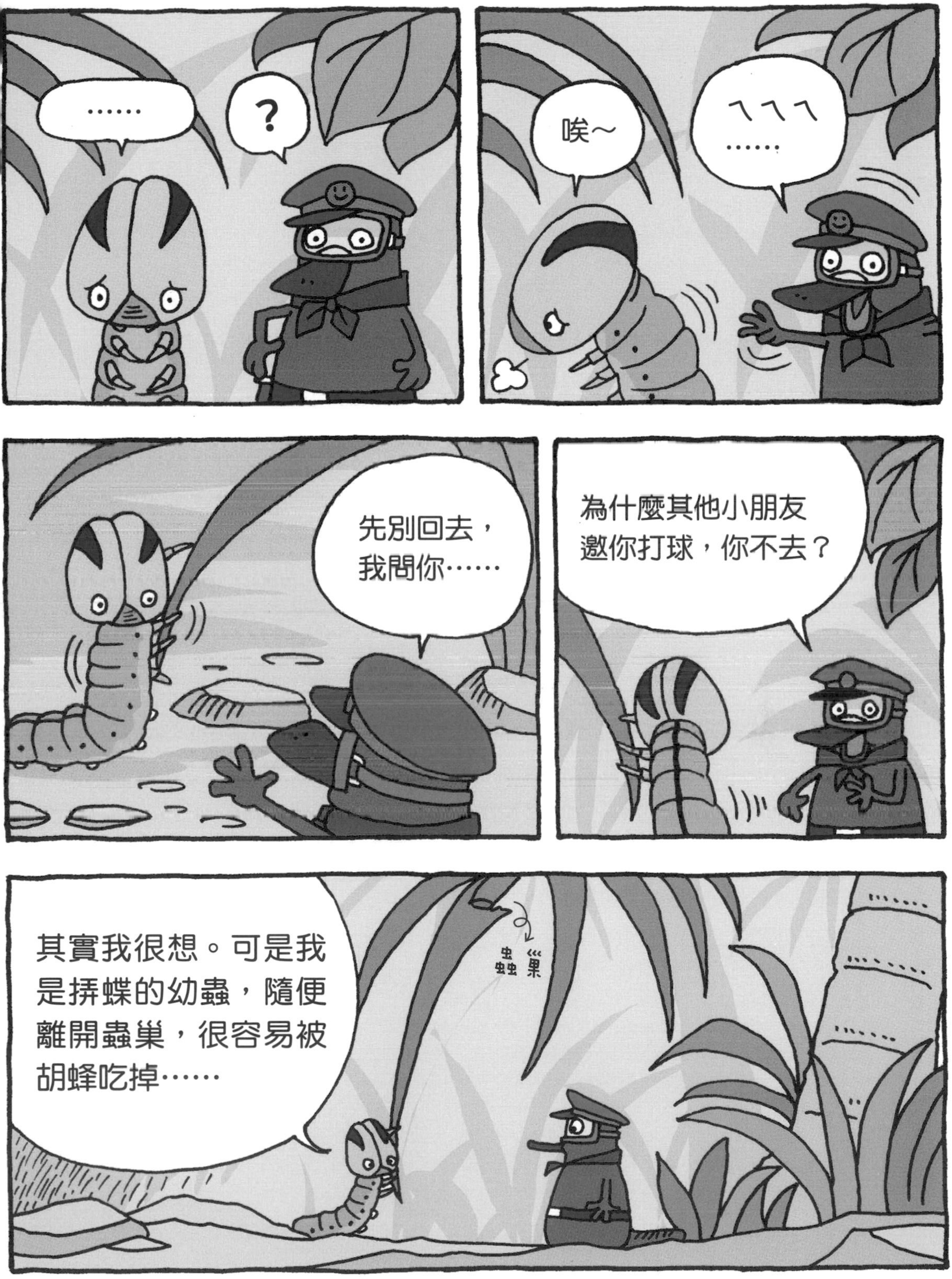
……
?
唉～
ㄟㄟㄟ……
先別回去，我問你……
為什麼其他小朋友邀你打球，你不去？
其實我很想。可是我是挵蝶的幼蟲，隨便離開蟲巢，很容易被胡蜂吃掉……
蟲巢

挵蝶幼蟲小檔案

姓名	黑星挵蝶幼蟲
分布	公園野地及中、低海拔山區
特徵	挵蝶是一種中小型的蝴蝶，觸角的末端呈現彎鉤狀。牠們顏色樸素、飛行快速，常被誤認為「蛾」。幼蟲則有築巢的習慣，平常在巢外吃葉子，吃完則躲回安全的蟲巢裡休息。黑星挵蝶停下來時，後翅上有 5 或 6 個黑點。
被害情節	疑似受到不良少年騷擾

：因為胡蜂是我們的主要天敵。他們有些會把我們麻醉以後抓回巢裡去，有些會直接做成肉團吃進肚子裡。所以，我可不想隨便亂跑，變成胡蜂的點心。
：安全第一，難怪你說什麼都不肯答應。
：尤其你看，我們渾身上下沒有武器，爬行速度又很慢。如果暴露在空曠的地方被發現，怎麼逃都來不及。所以我才建造了這個蟲巢，隨時保護自己……
抖
抖
救命啊～

黑星挵蝶的築巢過程

黑星挵蝶和其他挵蝶的幼蟲一樣，都是築巢高手。牠們喜歡咬開椰子、棕櫚或海棗等植物的葉子，捲到葉背做巢，叫做「葉苞」。從孵化到結蛹，黑星挵蝶換巢的次數可能高達七、八次。每當葉苞枯萎，或是幼蟲長大快要超過巢的長度時，牠們就會拋棄舊巢，為自己做一個新的葉苞。

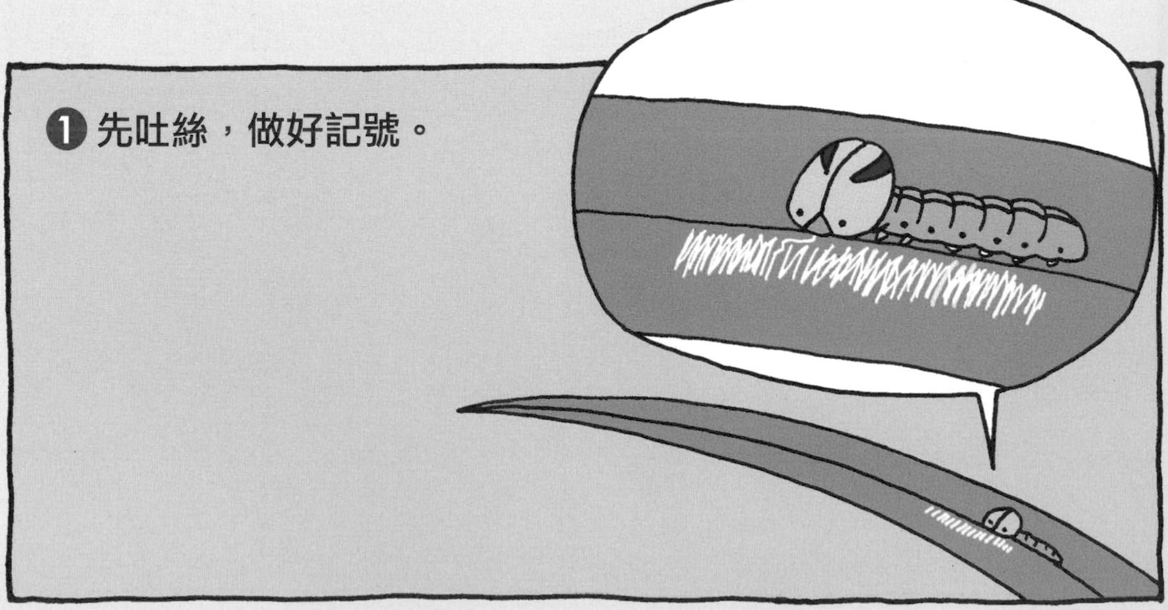

❶ 先吐絲，做好記號。

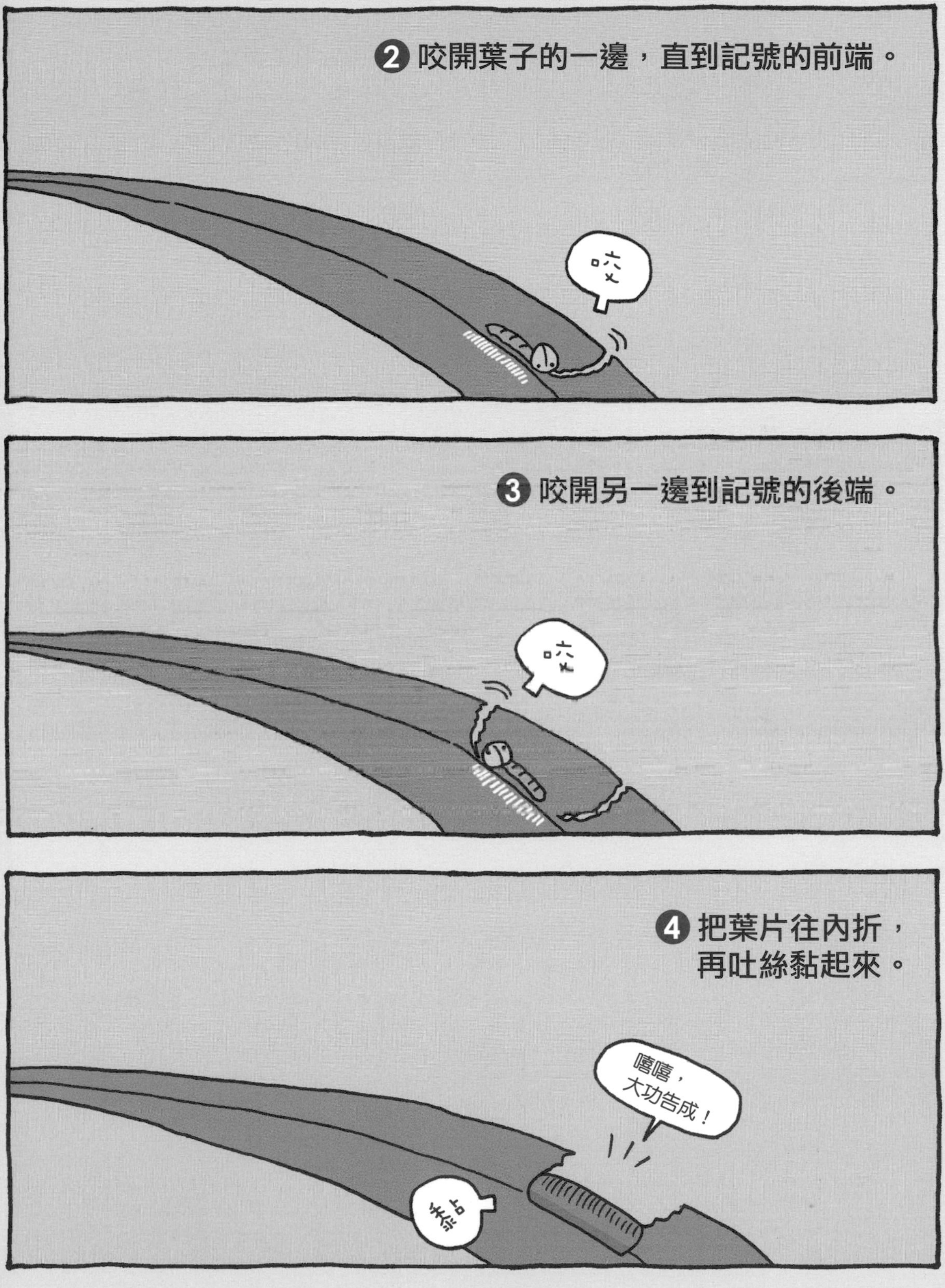
❷ 咬開葉子的一邊，直到記號的前端。
咬
❸ 咬開另一邊到記號的後端。
咬
❹ 把葉片往內折，
再吐絲黏起來。
黏
嘻嘻，
大功告成！

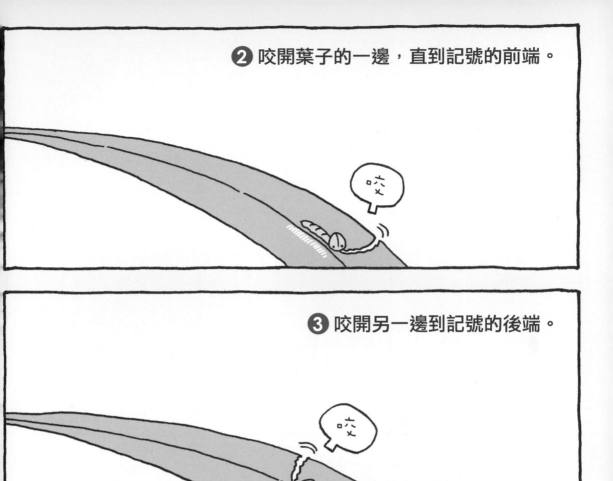

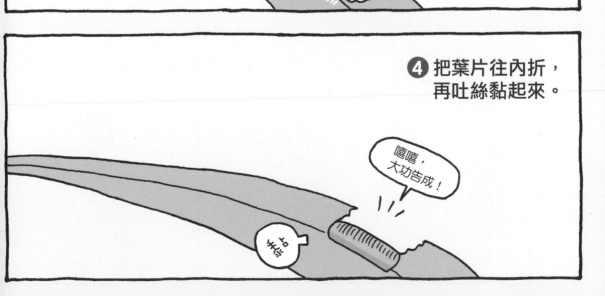

【用2片或3片葉子做成葉苞】

用 2 片葉子做葉苞

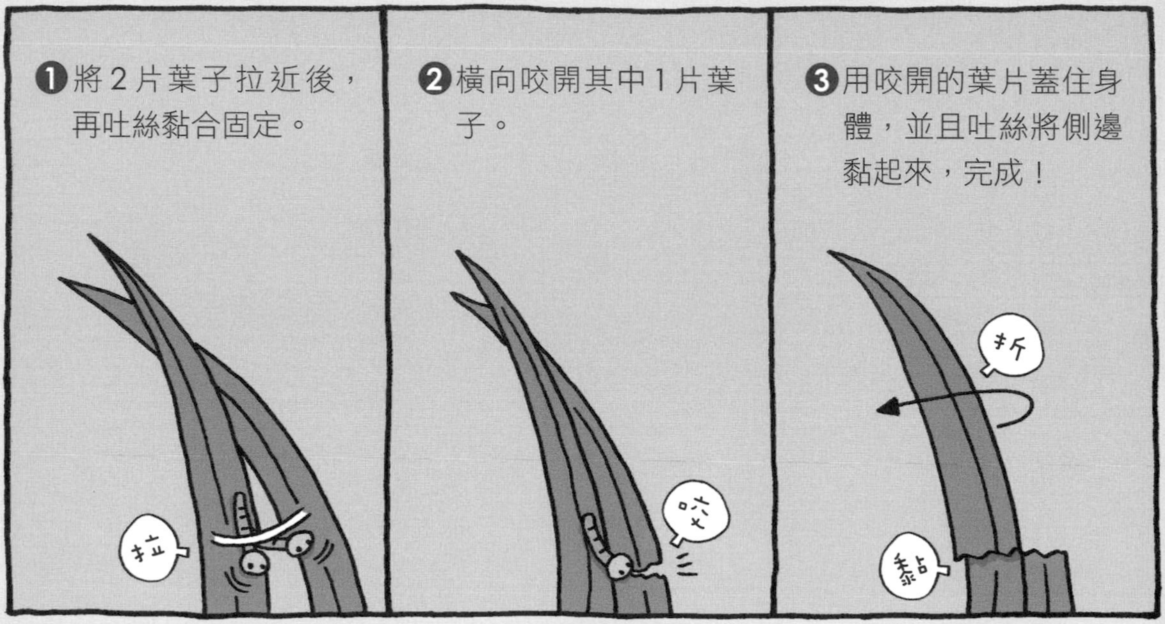
❶將 2 片葉子拉近後，再吐絲黏合固定。
拉
❷橫向咬開其中 1 片葉子。
咬
❸用咬開的葉片蓋住身體，並且吐絲將側邊黏起來，完成！
折
黏

用 3 片葉子做葉苞

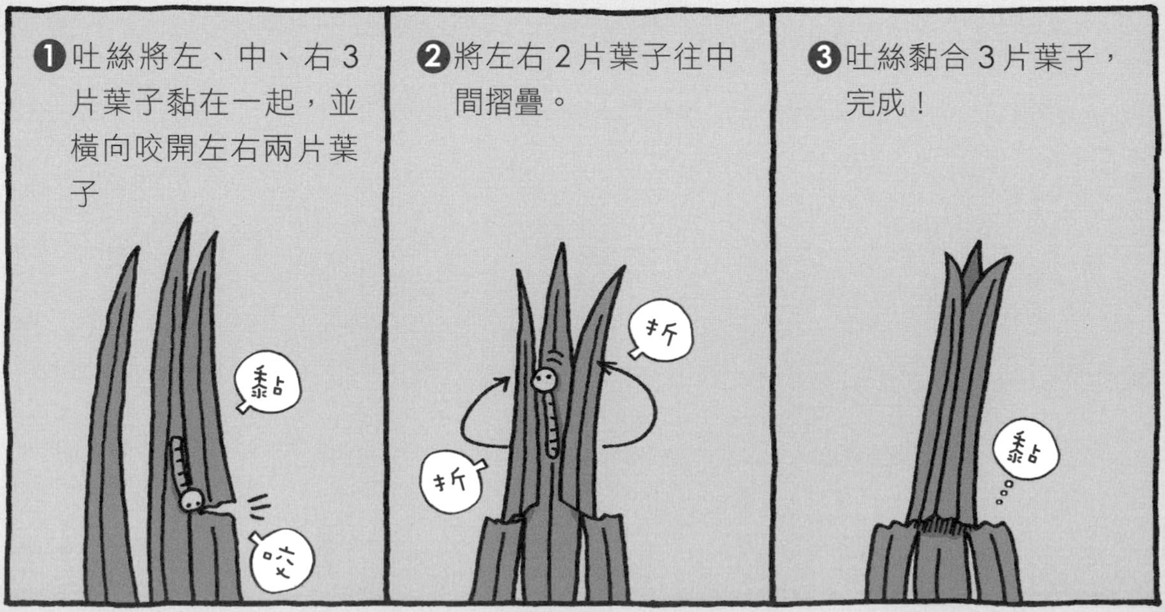
❶吐絲將左、中、右 3 片葉子黏在一起，並橫向咬開左右兩片葉子
黏
咬
❷將左右 2 片葉子往中間摺疊。
折
折
❸吐絲黏合 3 片葉子，完成！
黏

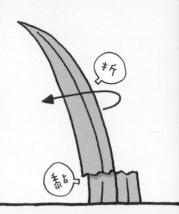

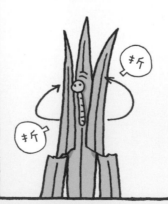

不過，多運動是好事。何況他們找你當投手，很光榮呀……
我才不想為了「光榮」惹來生命危險。我們幼蟲最重要的就是不停的吃，讓自己趕快長大變蝴蝶。去當「投手」，是浪費時間。
咕～
急
？
對不起，失陪一下……
倒車
！
扭屁股

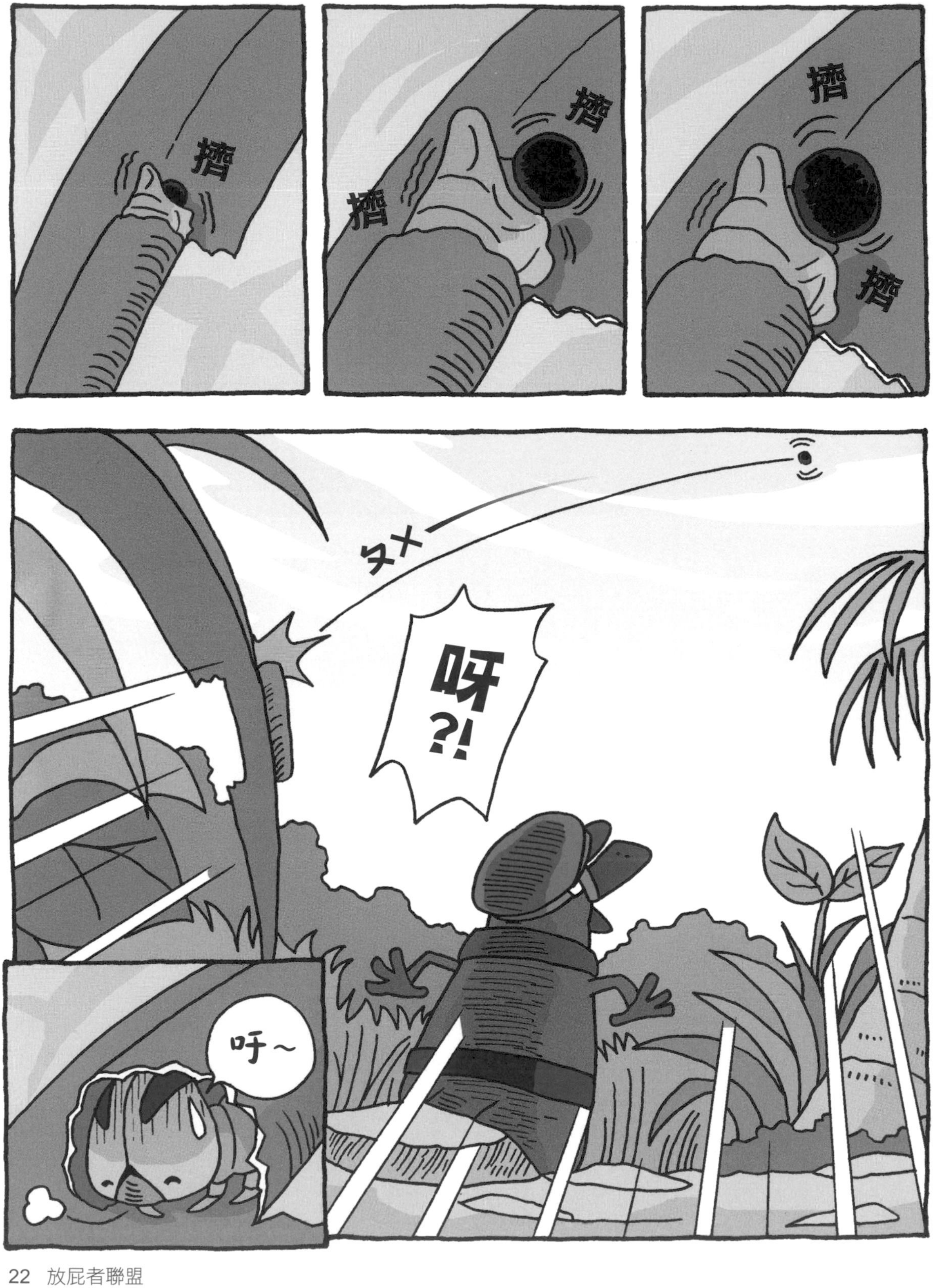
擠
擠
擠
擠
擠
ㄆㄨ
呀?!
吁～

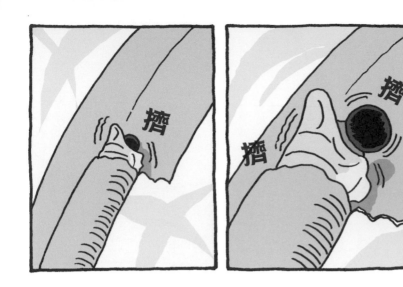

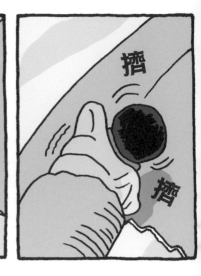

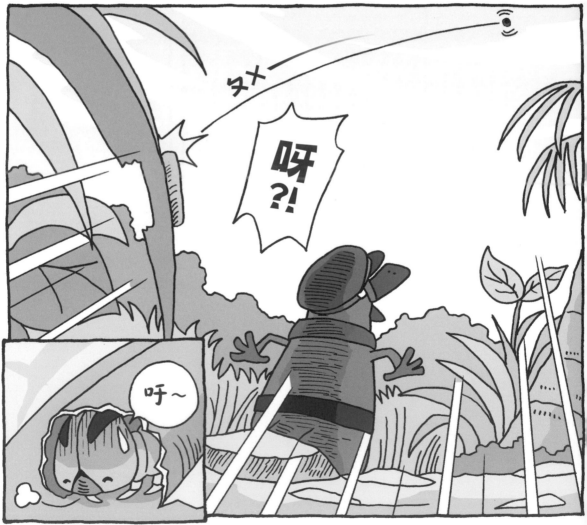

好了，剛
講到哪？
怎麼啦？
臉色好難看……
火大
你也想
大便嗎？
原來破壞我約會
的人就是你！
大便亂丟！
超沒公德
心的你！
啊
啊

：嗚嗚，好痛。我又沒做錯事，為什麼捏我？
：還說沒有？我的女朋友被你的大便K到頭，生氣不理我了！
：可是，挵蝶的幼蟲本來就是這樣排便的。我們用這種方式來保護自己，不應該怪我們。
：想拿「保護自己」當擋箭牌？你最好能夠說服我，要不然開你罰單——隨地大小便，罰掃廁所一百天！
腫

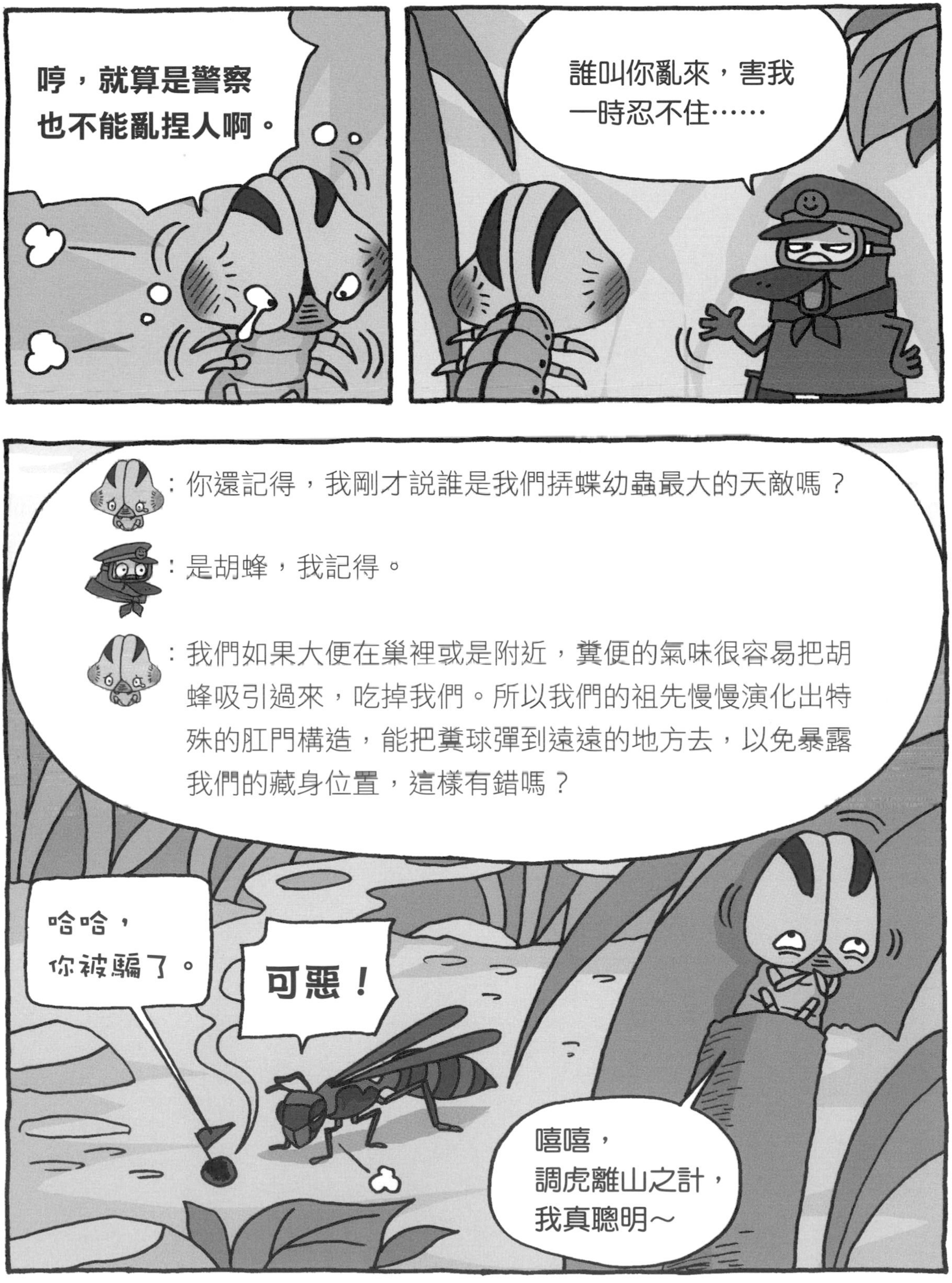
哼，就算是警察
也不能亂捏人啊。
誰叫你亂來，害我
一時忍不住……
：你還記得，我剛才說誰是我們拼蝶幼蟲最大的天敵嗎？
：是胡蜂，我記得。
：我們如果大便在巢裡或是附近，糞便的氣味很容易把胡蜂吸引過來，吃掉我們。所以我們的祖先慢慢演化出特殊的肛門構造，能把糞球彈到遠遠的地方去，以免暴露我們的藏身位置，這樣有錯嗎？
哈哈，
你被騙了。
可惡！
嘻嘻，
調虎離山之計，
我真聰明～

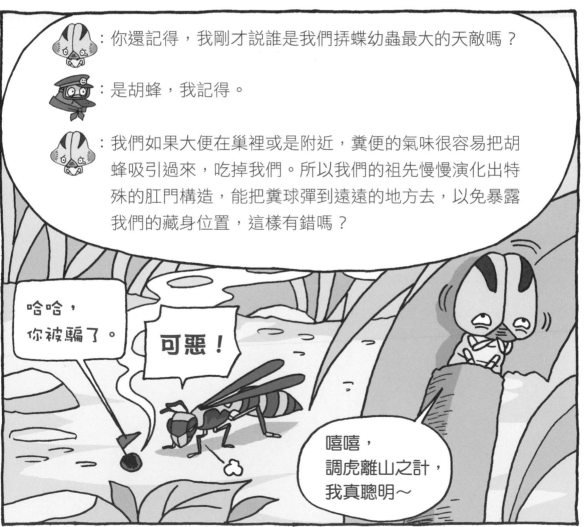

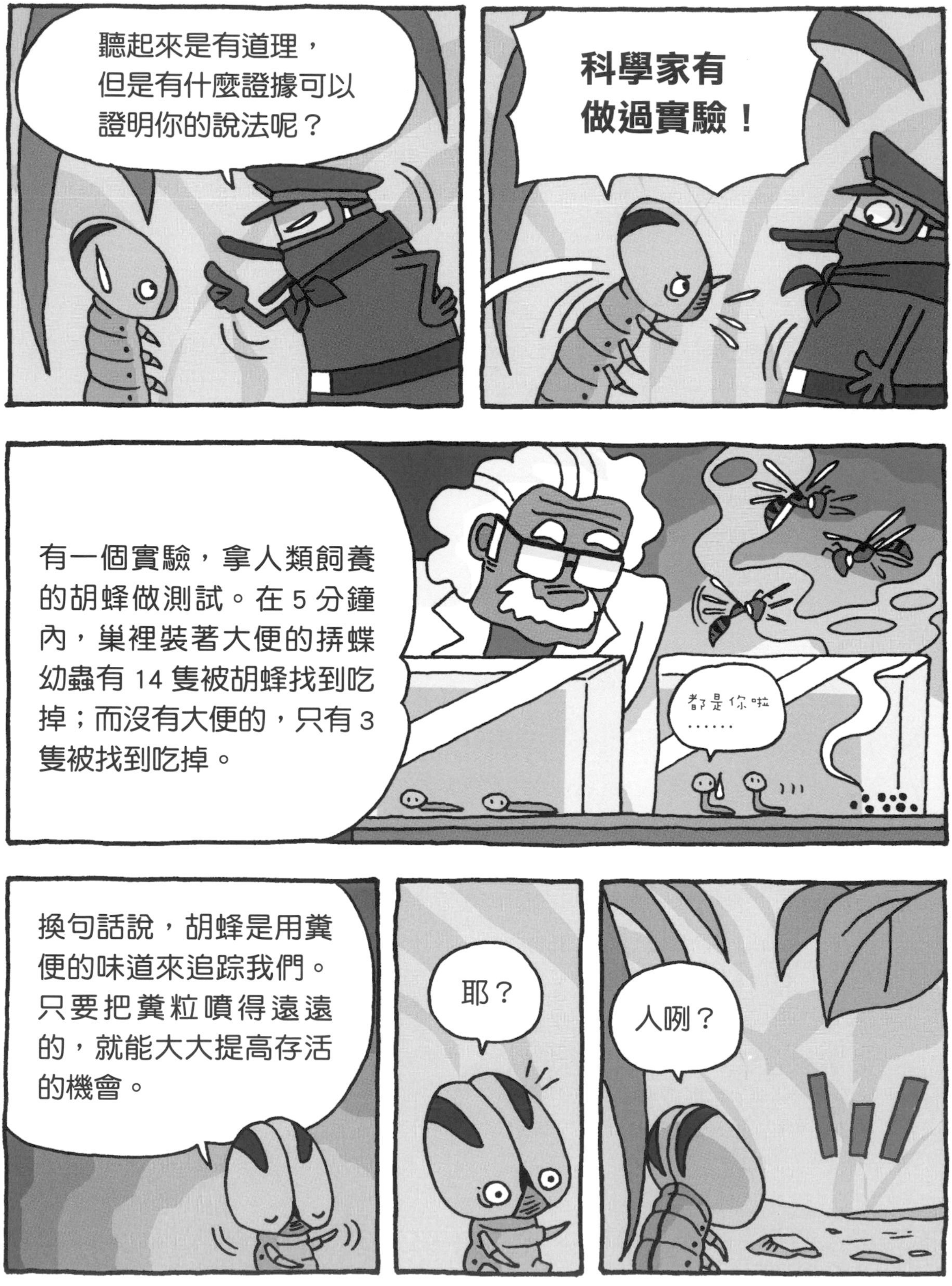
聽起來是有道理，
但是有什麼證據可以
證明你的說法呢？
科學家有
做過實驗！
有一個實驗，拿人類飼養的胡蜂做測試。在 5 分鐘內，巢裡裝著大便的挵蝶幼蟲有 14 隻被胡蜂找到吃掉；而沒有大便的，只有 3 隻被找到吃掉。
都是你啦……
換句話說，胡蜂是用糞便的味道來追踪我們。只要把糞粒噴得遠遠的，就能大大提高存活的機會。
耶？
人咧？

：你不用浪費力氣。這種技術其他動物是學不來的。

：皇天不負苦心人。只要認真練習，有朝一日我一定成功……

：別異想天開了。我們挵蝶幼蟲的肛門有特殊構造，排便時可以先夾住糞便，然後讓血壓急速上升，加壓肌肉以後，讓糞球彈射出去。你們沒有天生的構造，再怎麼練習也沒有用。

這是我的彈射紀錄，厲不厲害？
哇～彈射距離 1.5 公尺、速度每秒 1.3 公尺，彈射等級……**子彈級！**
拺蝶彈射糞粒的距離是體長的 40 倍，相當於一個 180 公分高的人，把大便噴到 72 公尺的距離之外。
原來這一切……
都不能怪你。可是我的女朋友氣跑了，怎麼辦？
嗚哇啊……
算了……。那我冒著生命危險幫你一次……
真的嗎？

第二天……
早說過不理你了，又找我來做什麼？
鏘鏘！請看～
歡迎加入「嗯嗯棒球隊」！
哇嗚～

打棒球很好玩唷。拿我的警棍當球棒，希望你玩的開心，別再生氣好不好？
打不到也別在意，畢竟是新手嘛。
我要投球囉。
預備！
噗！
鏘！

不會吧?!
咻—
全壘打!
我女朋友是天生的全壘打王……
妳好厲害喔!
和好嘛……
和好嘛……

鳥寶寶的糞囊也要丟的遠遠的！

和拤蝶一樣，許多鳥寶寶的糞便也會被丟到離鳥巢很遠的地方。

鳥寶寶的糞和尿是被包在一層透明的薄膜裡，稱為「糞囊」。不過，鳥寶寶不會像拤蝶幼蟲一樣用肛門噴射糞囊，而是要靠鳥爸爸或鳥媽媽把糞囊叼走。

剛出生的鳥寶寶消化能力很弱，許多食物會跟著糞便排出來，所以鳥爸媽會吃掉糞囊……
嗯嗯，裡面還有食物，別浪費。
親愛的，今天大便好吃嗎？
鳥寶寶漸漸長大後消化能力變好，糞便裡幾乎沒有未消化的食物，鳥爸媽就會把糞囊丟掉。
丟遠一點……

我的辦案心得筆記

被害人：帥哥達克比

被害原因：女朋友被大便打到頭

調查結果：

1. 黑星弄蝶把糞球噴到遠方，是為了引開天敵，保護自己。

2. 有人認為，弄蝶把糞便排放在巢外，可以保持蟲巢的乾淨衛生；但是有些研究發現，蟲巢內有沒有糞便，幾乎不會影響幼蟲的生存。

3. 弄蝶寶寶的「大便飛彈」最遠能噴到體長的40倍遠；相當於一個125公分的小朋友把大便遠遠的噴到50公尺外。但是小朋友請勿嘗試，因為一定會被馬麻罵。

正當防衛

調查心得：

安打安打全壘打，弄蝶一點也不傻；
噴糞球，引開天敵，做蟲巢，保護自己；
昆蟲世界比射擊，弄蝶幼蟲得第一。

金牌臭小子

啪！
站住！
！
你是誰？
要做什麼？

我是動物警察！
……
嗯……？
打開包包！
裡面是什麼？
這是我的行李。
就算警察，也不能
隨便檢查！
是嗎？

有人報案，說你的包包裡藏著一個小孩。
看你鬼鬼祟祟、偷偷摸摸的，不會是綁架小孩去賣吧？
哈！
哈！
哈！
嗯～
嗯～
！
嘻！

暴風鸌小檔案

（單位：公分）

姓　名	暴風鸌
學　名	*Fulmarus glacialis*
分　布	北太平洋、北大西洋的冷溫帶海域及北極海域。分為「淡色型」及「暗色型」兩種；一般而言，淡色型分布在北極附近，暗色型則偏南。
特　徵	鼻子呈長管狀，通往嘴尖上方的鼻孔。身上總是帶著臭味，又叫「臭鷗」，但其實不是海鷗，而是信天翁的近親。擅長在海上飛行，但在陸地行走困難，必須從高處跳下才能起飛。通常在海岸的懸崖上築巢，每窩只下一顆蛋。
犯罪嫌疑	綁架兒童，販賣「鳥」口

裡面有鬼，快
打開讓我檢查！
嗯～
嗯～
不行！
被綁架的小孩一定快沒
氣了，我只好……
什麼？
看！
外星人！
在哪裡？
沒看到啊？
嘻，趁現在。
警察叔叔來救你……
叭！
啊～！

唉呀！
滴
嗯～
這隻鴨子好臭！走快點！
叔叔是來救你耶！竟然攻擊我！
不行！
噗哧！
叫你不要浪費「子彈」，媽媽的話都沒在聽？
媽媽？
他是你的小孩？!

要不然呢？
誰讓你打開的？
嚇到我的寶寶了！
噁，這麼臭～
你們家寶寶都
不刷牙的嗎？
哼！
那跟刷不刷牙，
又沒關係。
？
為什麼？這
不是口水嗎？

不是。那是
「嘔吐物」！
呀～
怎不早說？！
喀！
鏘！
超噁心！
咕嚕～
搓
搓
用力
……
嘶
嘶

唉唷，香水混臭味，
愈混愈噁。
嘶
還是臭死了。
嗚哇！
人家是帥哥耶，
下班要去約會～
唉。
那樣沒用的，
我有好辦法。
真的？
快救我。

我們暴風鸌的嘔吐物是很厲害的。
叮!
是喔？怎麼說。
這些嘔吐物平常儲存在胃裡面……

：是由胃酸、魚油和消化一半的魚肉組成，味道奇臭無比。嗅覺靈敏的天敵，像是貓或人類，光聞味道就不敢靠近……

：我見識到了，早知道我就不開包包。

：不過，我們的巢築在海邊的峭壁，大部分的敵人是來自空中的海鳥，這些海鳥有些嗅覺並不發達，不怕臭味。所以我們的嘔吐物還有另一種致命功能，足以殺死他們……

：別嚇我。你是說，被你們吐到，我也會死掉？

：你不是鳥類，不用怕。我們的嘔吐物除了臭，黏性還很強！可以把鳥類的羽毛黏得亂七八糟，洗都洗不掉；這樣，鳥兒的羽毛就會失去防水功能，一碰水就會浸濕，慢慢冷死……

：真恐怖，希望我帥帥的毛不要……

OK!
剪好了！
嗯～
這種感覺，
好輕爽～
?
哈哈，
癩痢頭！
喂～大家
快來看！
這鴨子的
髮型真醜！
!
臭螞蟻！
滾開！

：你的孩子亂吐人，你還放任他！

：又不是他的錯。用嘔吐物攻擊陌生人，是我們保護自己的本能行為。每隻暴風鸌都是這樣長大的。而且，我家寶寶可是鳥類世界的射擊高手，得過金牌的喔。

：就算金牌，也不能黑白不分。有父母保護，他何必還要亂吐人？

：沒辦法。我們要外出覓食，常不在家，他小小年紀能用嘔吐物驅趕敵人；我誇獎他都來不及，怎麼會怪他呢？

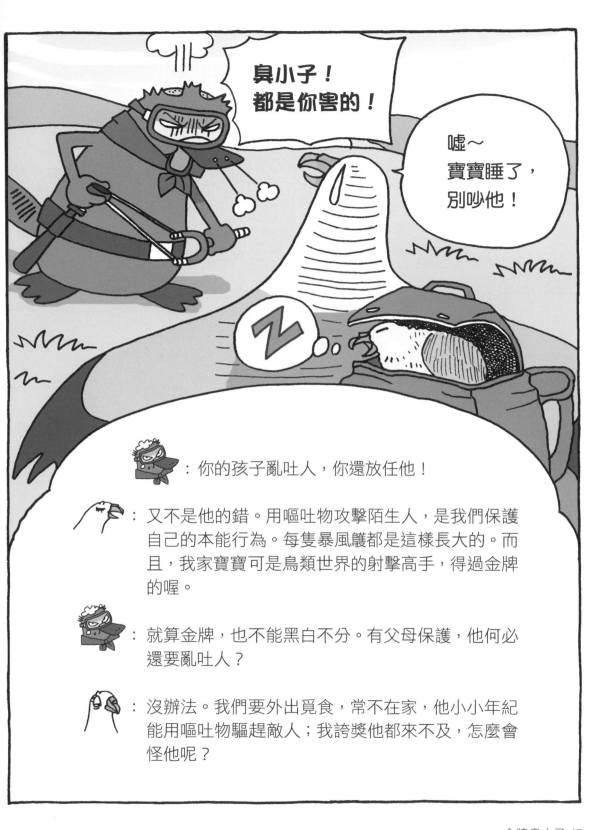

可是……
這種髮型，叫我
怎麼見人……
嘻嘻
偷笑
你還笑！
都是你們幹的
好事！
真的很抱歉。寶寶他還小，
分不清壞人和好人。
不信你看……
嚇
噴
……他連自己的爸媽，
也不會放過！

：慘了！妳被吐到，會不會羽毛損壞、失溫而死？你怎麼一點都不緊張？
：緊張什麼？我們暴風鸌的羽毛能抵抗嘔吐物的破壞，被自己的孩子「吐」到，不但沒關係，反而好呢！你聞，變得臭臭的，天敵會離我更遠一點！
：噁！真的好臭，別沾到我，我要崩潰了！
：就是因為寶寶現在看到任何人，都會無法控制的發動攻擊，所以我才會把他藏在袋子裡。不然的話，萬一嘔吐物用光，我們就不能參加動物盃的射擊比賽了……
暴風鸌的幼鳥出生後，會攻擊任何出現在巢邊的動物，就連自己的爸媽也不例外，直到長到兩週大以後，才會對爸媽「口」下留情。

呃啊！
射擊比賽！
光講話，都忘了射擊比賽，
我得趕路……
帶我去！
動物盃射擊比賽會場
終於到了，
快進去
……

時間差不多囉。
各個選手都到齊了吧！
誰是動物射擊王？
動物盃射擊比賽
以身體構造做為武器，遠遠的射擊出去，就能擴大攻擊別人或自我防衛的範圍。是不是酷斃了？誠摯的邀請您來挑戰，誰是最厲害的動物射擊王！
參賽資格：
擁有特殊才能的動物，並認真練習超過兩週以上
比賽辦法：
射擊最遠、準確度最高的人獲勝
冠軍獎品：
「我最棒」運動飲料半打、「頂呱呱」健康餅乾一箱、「少玩我」平板電腦一台

選手一：臭鼬

代表地區：北美洲

體　長：40 公分

射擊工具：肛門臭腺的臭液

最大射程：4 公尺

個人特色：

臭液奇臭無比，0.2 秒內可以噴 3 次，把敵人嚇跑。

選手二：變色龍

代表地區：非洲

體　長：50 公分

射擊工具：具黏性的長舌頭

最大射程：體長的兩倍

個人特色：

射擊快速，不超過 0.05 秒，功用是捕食獵物。

選手三：角蜥蜴

代表地區：美國西南部

體　長：7 到 12 公分

射擊工具：眼睛噴出血液

最大射程：1.5 公尺

個人特色：

噴血嚇敵人一跳，然後趁亂逃跑。

選手四：暴風鸌幼鳥

代表地區：北歐海域

體　長：15 公分

射擊工具：嘔吐物

最大射程：1.5 公尺

個人特色：

嘔吐物有臭味和黏性，用來驅趕或殺死敵人。

到了到了，
我們到了！
Z……
呼，好險
趕上了……
寶貝出來，
輪到你了！
掀
噴！
噴！
噴！

呃……
哼~~~~~~
哼
抱歉抱歉……
孩子年紀小……
來！寶寶瞄準
這裡！媽媽知道
你最棒了……
預備~
發射！
嗝
倒

吐不出來……
馬麻叫你不要浪費子彈，都不聽，你看現在……
◎※＊＋#○……
……
咦？
下雨了……

我的辦案心得筆記

報案人：匿名者

報案原因：暴風鸌疑似綁架孩童

調查結果：

1. 暴風鸌不是綁架犯，她袋子裡裝的是自己的小孩。
2. 暴風鸌的鳥寶寶會噴射嘔吐物，驅趕出現在鳥巢旁一公尺半以內的天敵。在兩週大以前，甚至連自己的爸媽也不放過。
3. 暴風鸌的成鳥也和幼鳥一樣，能用嘔吐物驅趕敵人。但是有趣的是，幼鳥噴的比大人還準！
4. 暴風鸌真的很臭！聽說，連放在博物館超過一百年的蛋殼，都還會發出臭味！救命啊～

誤會一場

調查心得：

臭烘烘，巧運用，

小兵也能立大功。

我是神射手

警察先生！
不好啦～
啷一
啷一
？
河岸邊的蛙老大，
去找射水魚的麻煩了！
呵～
蛙老大？
那隻自稱「天下
第一神射手」
的老青蛙？
就是他！

他一聽說河口搬來幾隻射水魚，射擊功力比他還厲害，就很不服氣。
氣呼呼的說要去找射水魚挑戰，比看誰才是神射手。
蛙老大脾氣很壞的！射水魚會有麻煩！
好，那我得快快趕去阻止他。
啊，差點忘記……
射水魚別擔心，警察杯杯來保護你了！

射水魚小檔案

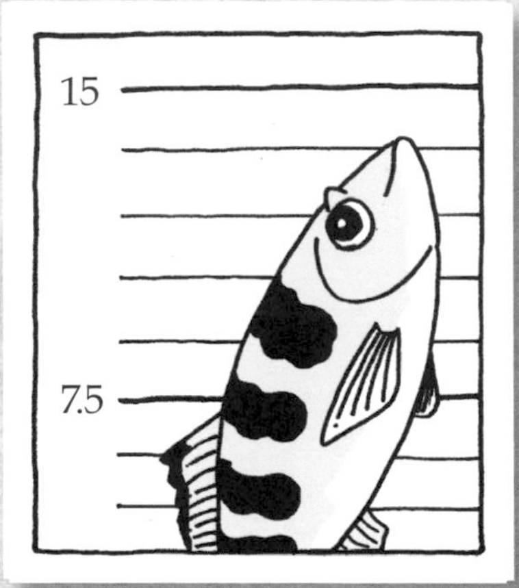

（單位：公分）

姓 名	射水魚
分 布	南美洲、東非、東南亞、澳洲沿岸的河口地區，喜歡在淡水或半鹹水的表層活動。
特 徵	嘴尖，身材卵圓，尾巴呈三角形。銀灰色，常有黑色的橫紋。以水底的小生物或水面上的活昆蟲為食；能用嘴巴噴射水柱，把停在樹枝上的昆蟲打落水面，再游上前去張口吃掉。
危 機	受到蛙老大的嫉妒

大家都是鄰居嘛！
有話好說……
咳—
咳—
我還以為是什麼厲害角色？原來只是兩隻小到看不見的小孩子魚。
小孩子又怎樣？
我們從小就練射擊，不一定會輸你。
是嗎？那今天就讓你見識見識「天下第一神射手」的厲害。
放馬過來！決鬥吧！

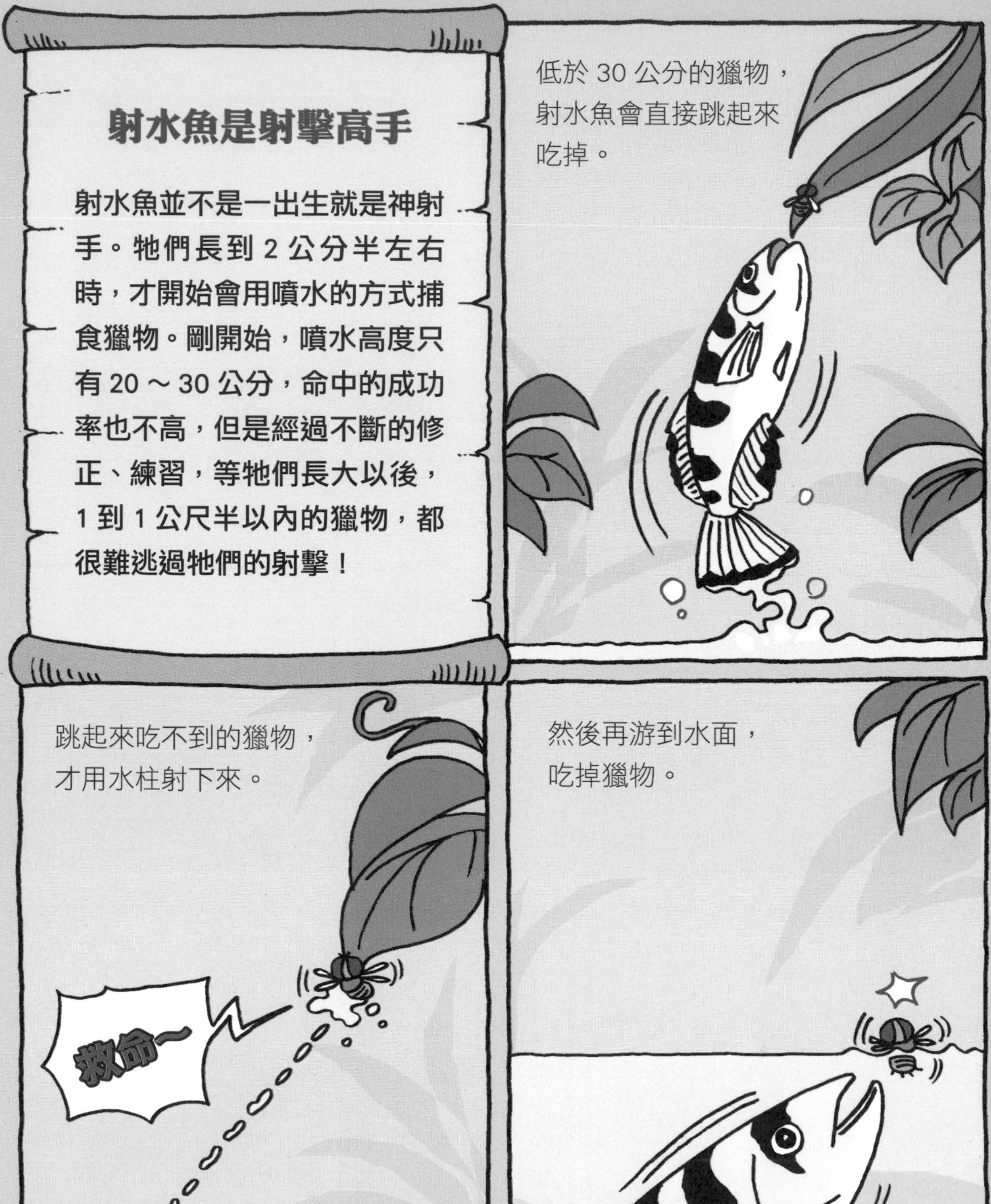
射水魚是射擊高手
射水魚並不是一出生就是神射手。牠們長到 2 公分半左右時，才開始會用噴水的方式捕食獵物。剛開始，噴水高度只有 20 ～ 30 公分，命中的成功率也不高，但是經過不斷的修正、練習，等牠們長大以後，1 到 1 公尺半以內的獵物，都很難逃過牠們的射擊！
低於 30 公分的獵物，射水魚會直接跳起來吃掉。
跳起來吃不到的獵物，才用水柱射下來。
救命～
然後再游到水面，吃掉獵物。

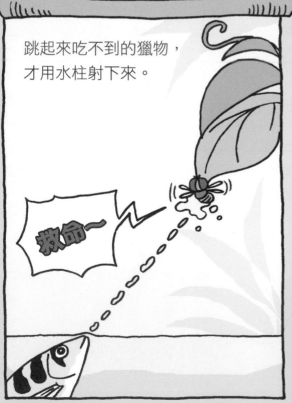

蛙類和射水魚的射擊工具不一樣

蛙類伸舌頭黏住獵物：

青蛙的舌根長在下巴的前端，平常往後收起來，攻擊時，才快速往前翻出，把食物黏回嘴巴裡。時間只要 0.15 秒，人類用肉眼幾乎看不到。

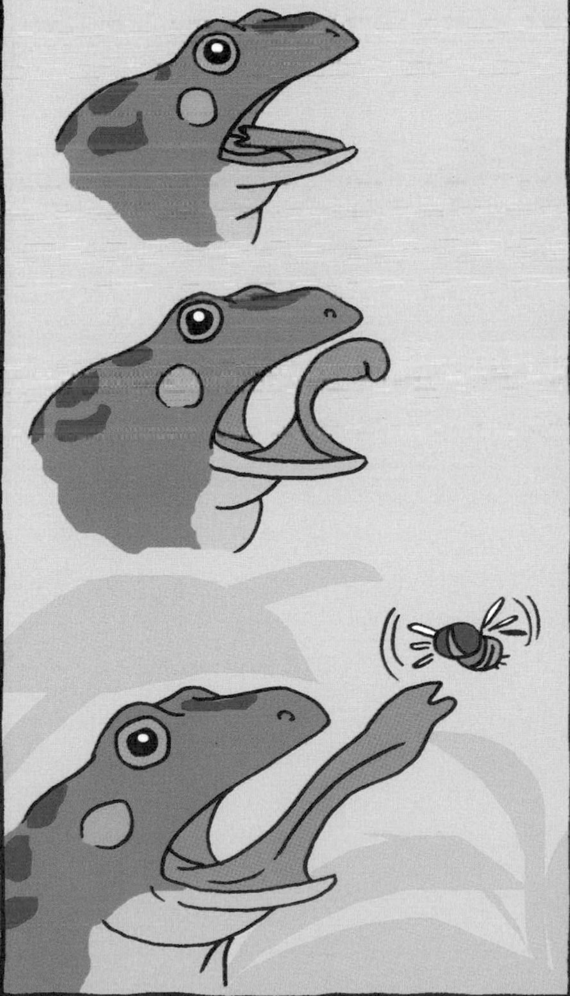

射水魚噴水柱打落昆蟲：

射水魚嘴內的上方有一條細溝，射水時，只要用舌頭往上頂，讓細溝形成細水管，再用力收縮頭部兩側的鰓蓋，水便會被加壓沿著「水管」噴射出去。

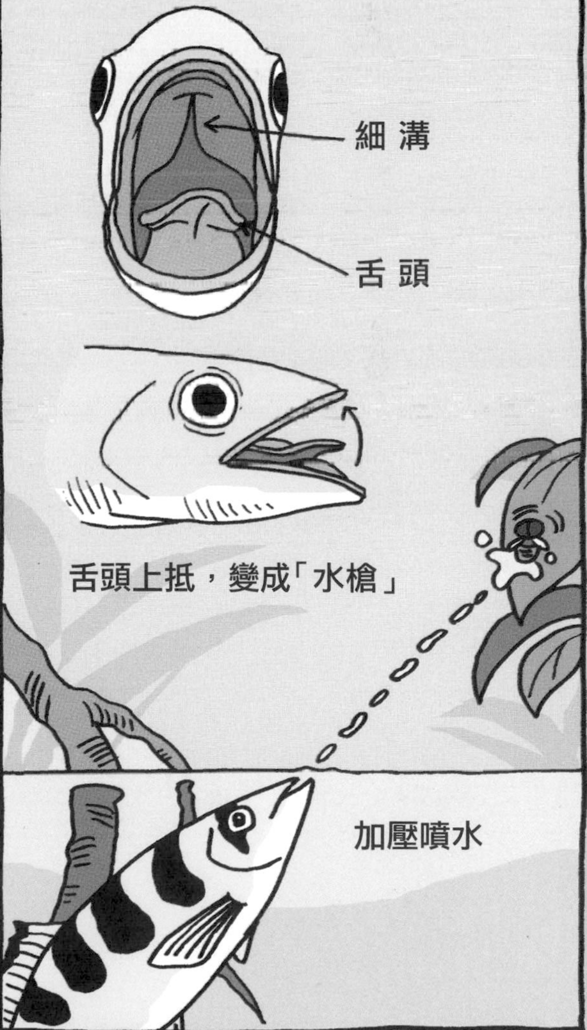

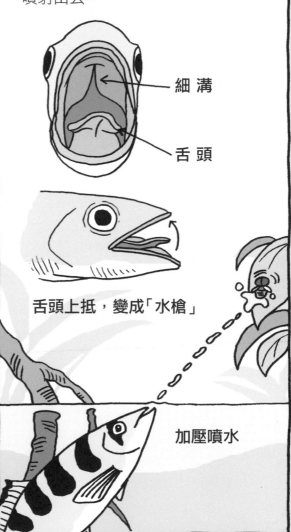

啪！
命中目標！
耶，擊掌！
別動手，他們只是小孩子。
火冒三丈
♪
ㄌㄩㄝ～
竟敢偷襲我！你們這兩隻小魚乾！

：大人欺負小孩，會被笑話的。還是光明正大的比賽好。我當裁判，出三個題目讓你們挑戰，你看怎樣？

：比就比，誰怕誰！可是我有條件：如果我贏，他們從此以後就要離我遠一點，不要讓我看見！

：那好。射水魚小朋友，你們願意接受嗎？如果你們贏，有什麼要求？

※＃＆◎……
嘻嘻！
?
商量好了！
如果我們贏，就要拿筆畫蛙老大的臉，嘿嘿。
好玩好玩！
好幼稚！小孩才玩這種遊戲！
我們本來就是小孩呀。
算了，他怕我們，不敢跟我們比。
別氣別氣，先聽我說。那麼……
哼

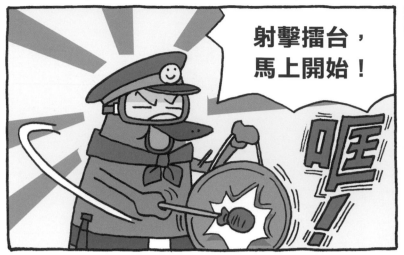

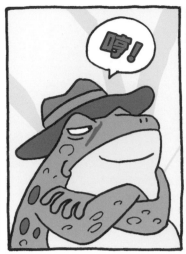

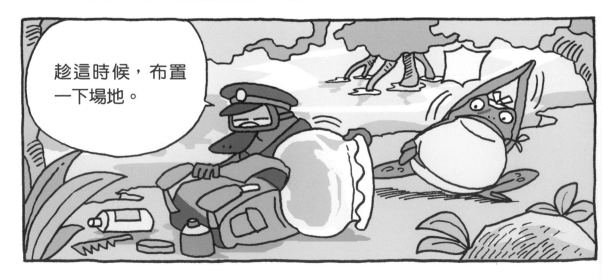

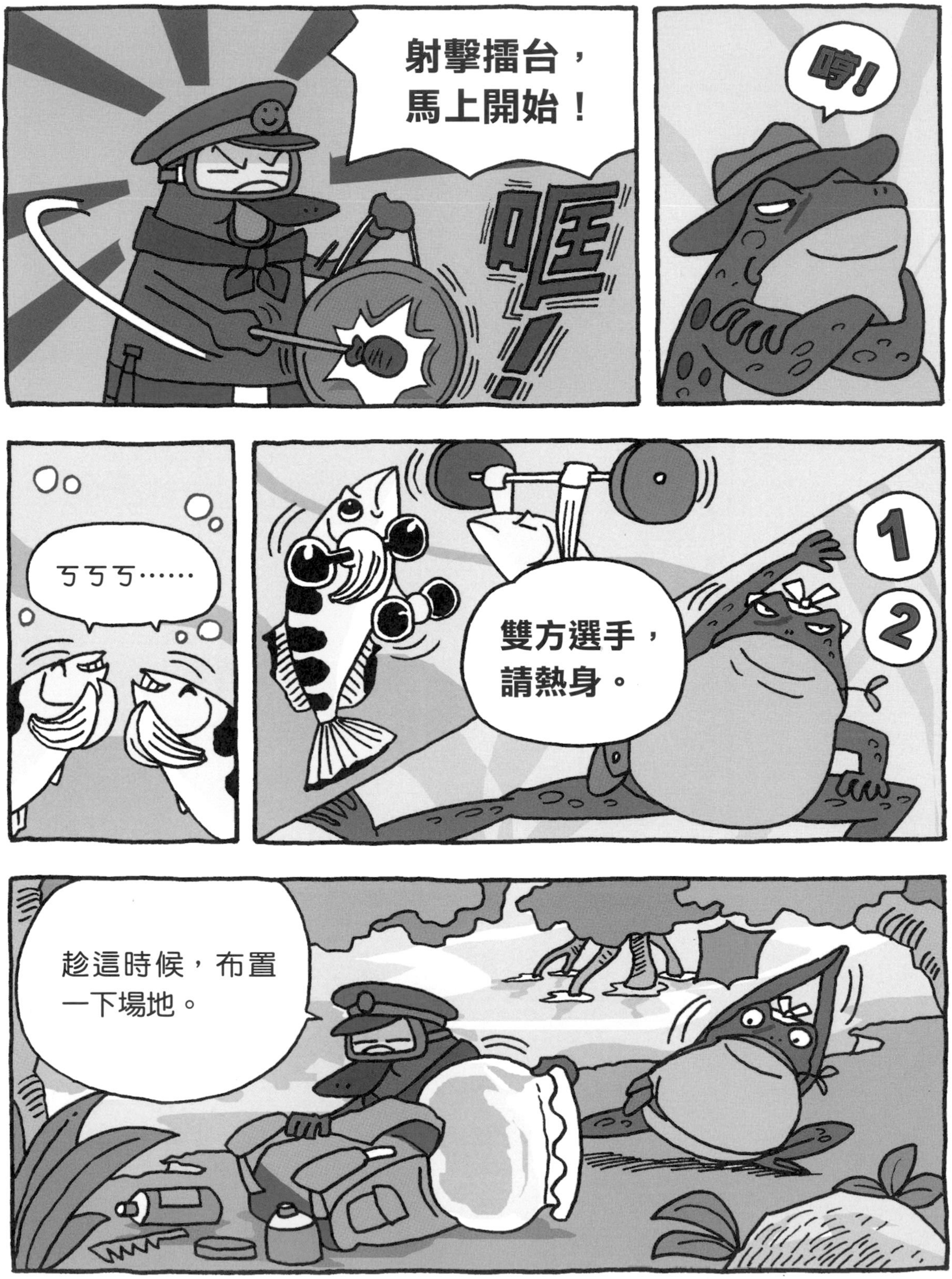
射擊擂台，
馬上開始！
哐！
哼！
ㄎㄎㄎ……
雙方選手，
請熱身。
1
2
趁這時候，布置
一下場地。

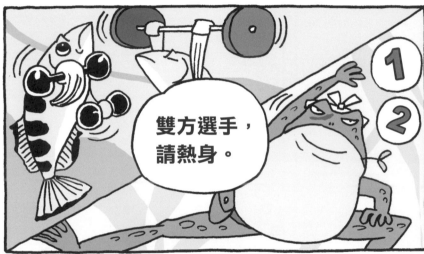

蛙老大，
玩具槍借
一下……
比賽開始！
第一回合比「速度」！
30 秒內，誰打下最多
蒼蠅，誰就贏！
嗞—
嗞—
……
預備～
砰！
射水魚噴水射擊的速
度大約只要 0.1 秒，
還可以連續射擊六、
七次。
咻！
咻！
好快！
蛙老大應該
也不錯吧？

：正在比賽，你怎麼還有時間做鬼臉？！

：這不是做鬼臉！是我在用力吞東西……

：可是吞就吞，眼睛為什麼凹進去，好像擠進腦袋裡？

：沒辦法！我們青蛙沒有幫助吞嚥的肌肉，所以眼球只好陷下去，幫忙把食物壓進食道裡。如果不趕快把舌頭黏回來的獵物吞進去，舌頭就沒辦法連續出擊！

：那我必須說，射水魚的連發速度占上風。
第一回合，射水魚獲勝！

你輸了。
我來幫射水魚畫……
好了，這樣可以嗎？
………
哇哈哈哈！
：第二回合比「準確度」。蛙老大，你要挑戰多遠的射程呢？
：靠我長腿加上舌頭……這樣吧！挑戰一公尺！
：好的，準備好了。請瞄準標靶！……
蛙類的眼睛長在頭頂的外側，可以看到前後左右大範圍的視野。不過，他們只對會動的東西敏感，靜止不動的獵物即使在旁邊，牠們也看不清楚。
唉喲，拉我的褲帶幹麼啦！

瞄都瞄不準，
扣分扣分！
換我們！
挑戰三公尺！
人小志氣高，
三公尺不容
易喔。
：聽說我們射水魚射水的高度可以達到 3 公尺！雖然命中的機會不高，不像 1 到 1 公尺半幾乎百發百中，但是我們想試試看。
：願意多練習，一定會成功。來，準備發射！
：耶！正中目標！今天手氣順，我們贏定了！

第二回合又輸了，我來畫……
哇哈哈哈哈哈
喔呵呵呵呵呵
接下來，第三回合是「加分題」！
蛙老大，快用特殊專長爭取加分，說不定可以後來居上、反敗為勝喔。
我……我……

倒
小青蛙呀，
咕啊呱呱，
愛在水裡玩耍！
東邊跳跳，
西邊……
抗議！唱歌跟射擊無關，又不是在比唱歌！
對嘛！
那你們的加分項目是什麼？要跟射擊有關才行喔！
我們射擊的時候，會自動修正「空氣和水之間的光線折射」，這是動物世界少有的瞄準技巧，應該要加很多分。
說詳細點，我再考慮加幾分。

射水魚「歪打正著」

把筷子放進水杯裡，你看到了嗎？筷子看起來好像「折斷」了一樣（圖1）。這就是光線從水進入空氣時的「折射」現象。反過來，光線從空氣進入水也一樣會折射。所以，射水魚瞄準獵物的時候，必須按照經驗修正射擊的角度，才能真正擊中獵物。這必須經過很多次的練習才能辦到！

（圖1）

從空中看到錢幣的位置
錢幣真正的位置

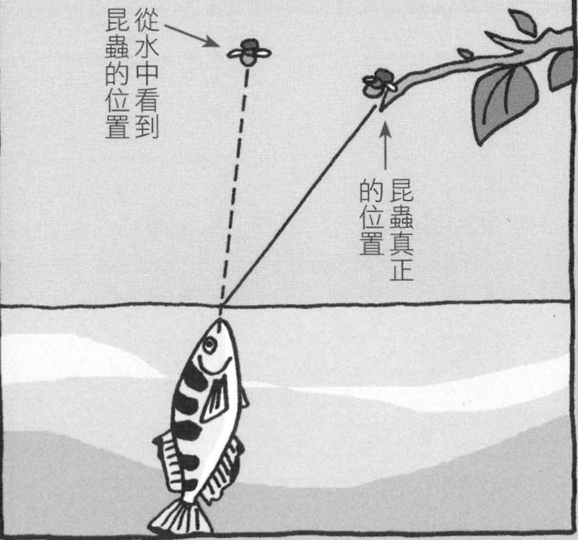
從水中看到昆蟲的位置
昆蟲真正的位置

實在難得！
身為裁判……
我決定，射水魚加十分！
耶，又贏了！
沙
唔……
沙 沙
射水魚才是河口地區的神射手！
大冒火
YA!
YA!
哼！……
啪！
我看，還是用我的方法，解決他們兩個，天下第一神射手就還是我了。

喂喂，你要
幹什麼？
嘿嘿……
推
誰管你。我是這
裡的老大，誰都
不許贏過我！
不可以！
!
………
啊！
放我下來～

怎麼辦？
快救他！
%※◎
……
嗯！
預備～
高射炮！
！
咻
咻
好痛！
……

接下來換我。
啊，我的假髮！
啊哈哈哈哈……
討厭！
討厭！
答答答
答答答
呼～危機解除……
叩叩叩
？
？

啥？
嗚……
別哭別哭，輸就輸了，沒關係啊。
我哭不是因為輸，我是太感動，謝謝你們救了我。
兩位大師！請你們收我做徒弟吧！
隆……

我的辦案心得筆記

報案人：鴿子

報案原因：蛙老大去河口找射水魚麻煩

調查結果：

1. 青蛙也是動物世界的射擊高手。但是青蛙的射擊對象必須是會動的，因為靜止的東西在蛙類眼中，只有模糊的輪廓，看不清楚細節。

2. 射水魚用舌頭控制水柱的方向。在1到1公尺半的射擊範圍內，幾乎百發百中；但是距離愈遠，就愈不容易命中。

3. 蛙老大決定不在河岸做壞事了，要跟隨射水魚認真學習射擊技術。

調查心得：

十分完美怎麼來？
七分練習，三分天才。

當場和解

放屁者聯盟

唧—
唧—
月色好美～
好浪漫～
可……可以
親你嗎……
羞
嗯……
吸
吸
嗯？
完了

你竟然這時候放屁！
……
破壞浪漫氣氛，氣死我了！
！
別走～我保證，不會再放了……
不要！
我會用力忍住……
誰管你！
沙沙
沙沙
啵！
好痛！
怎麼了？我看看！
……

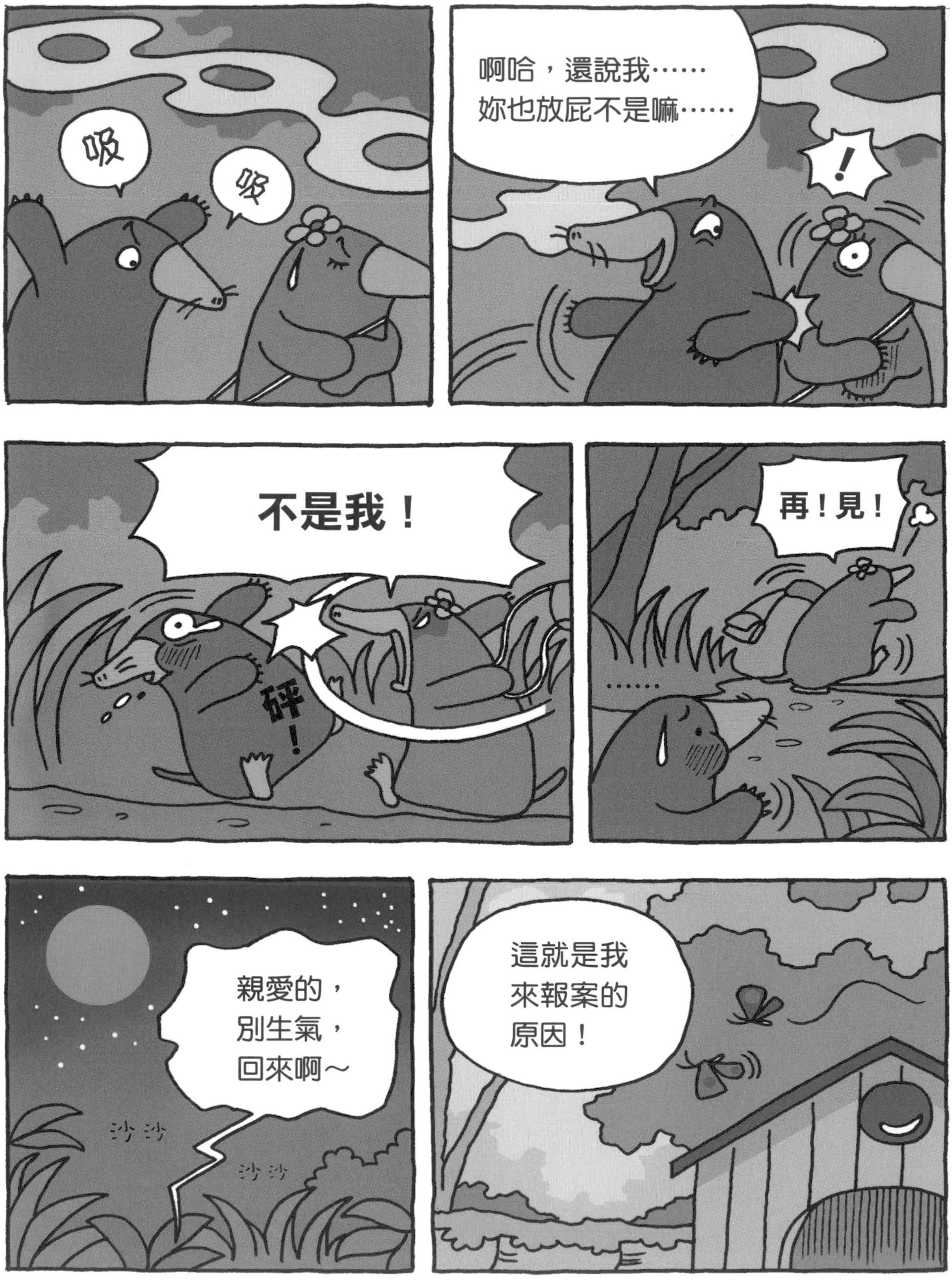
吸
吸
啊哈，還說我……
妳也放屁不是嘛……
!
不是我！
砰！
再！見！
……
親愛的，
別生氣，
回來啊～
沙沙
沙沙
這就是我
來報案的
原因！

……你的心情
我了解……
但天這麼黑，又沒
證據，要查是誰實
在很難……
我查過了！
喔？
那附近有個「放屁者聯
盟」，專門聚集一些以放
屁當武器的傢伙！
鏘！
乾杯！
吔～
乾杯！
乾杯！
放屁者聯盟

我猜就是裡面那隻綽號「放屁蟲」的椿象，害我女朋友受傷的！
哈！那好辦……
嘴巴張開！
?
吃一顆生物縮小糖……
走！跟我一起，去查個水落石出！
Go!

椿象小檔案

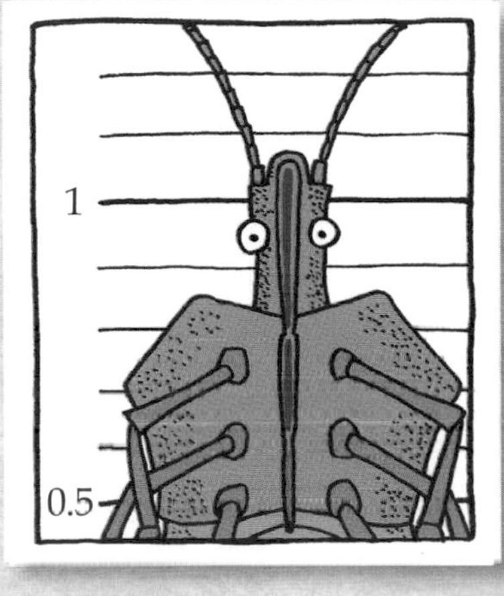

（單位：公分）

姓名	椿象	綽號	放屁蟲
分布	有三萬多種，廣泛分布於世界各地。		
特徵	上翅的前半部是堅硬的革質，後半部為透明的膜質；而且後半部縮起來藏在下方，所以看起來翅膀好像只有一半，屬於「半翅目」家族。椿象以「刺吸式」口器吸食植物的汁液或是昆蟲的體液；陸地上的椿象，還會排放臭液驅趕敵人。		
犯罪嫌疑	以「放屁」為武器，偷襲路過的行人。		

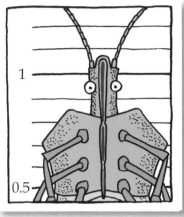

到了！
就是這裡！
沙沙
沙沙
還真有這種
地方……
放屁者聯盟
歡迎各路
放屁英雄
來這裡切磋
更厲害的
放屁戰技！
啊哈！歡迎～
要進大門，請說
通關密語……
什麼通關密語？
不知道。

噗～
答對了！通關密語就是「噗～」！
第一次來就猜中，表示你有放屁的天分……
……
哼！想哈拉，少來這套……
我們是來找放屁傷人的嫌犯的！
啊？是警察……

：我們放屁是為了保護自己。沒有人會存心主動去攻擊別人。

：是嗎？可是根據被害人報案，當天夜裡傳來惡臭，你們椿象綽號「放屁蟲」，最有嫌疑。

：我作證！那天晚上「啵」一聲，不但很臭，我女朋友的皮膚，還像被燙到一樣，又紅又腫！

：啊哈！聽你這麼說，我知道你們要找的人是誰了……高手中的高手——我們放屁者聯盟中，最高等級的會員——放屁蟲！!

：繞了半天，放屁蟲不就是你嗎？

：不不不，真正的「放屁蟲」另有其人。我的本名是椿象，常常被人跟放屁蟲搞混了。

放屁蟲小檔案

（單位：公分）

姓　名	放屁蟲（又稱投彈甲蟲、砲步甲、屁步甲）
分　布	約有五百多種，除了南極以外，廣泛分布於世界各洲。
特　徵	屬於「鞘翅目」家族，是步行蟲的一種。受到敵人威脅時，可以從腹部的末端噴出具有刺激性的灼熱煙霧，以嚇退天敵。
犯罪嫌疑	放屁偷襲行人。

放屁蟲是我的偶像～我只會放無聲的臭屁，不像他……
屁聲響亮！又臭又熱！我超～崇拜的……
轟
……
你是說，那晚的屁聲，是他，不是你？
是的。而且，只有放屁蟲才能製造那種將近 100℃的「熱屁」，燙傷你女朋友……
這種崇高的境界！我怎樣也達不到……
激動
……

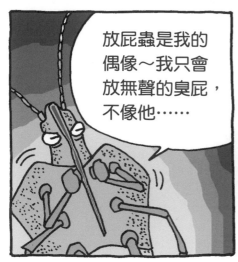

牠們放屁不一樣

椿象：

腥臭的液體從胸部腹面的「臭腺孔」流出。只會飄出臭味，沒有聲音，也不會燙人。如果人類摸到，只會聞到臭味，大部分不會受傷。

放屁蟲：

灼熱的液體和氣體從尾端一起噴出，像煙霧一樣。每次噴射大約只花 0.002 秒，人眼不易看清，但能聽到「啵」的爆炸聲。如果人被噴到，不但會臭，皮膚還可能紅腫、灼傷。

：簡直像「炸彈怪客」，他是怎麼做的？

：在放屁蟲的腹部裡，有兩個特殊的腺體，會分別製造「氫醌」和「過氧化氫」。這兩種化學材料原本分開儲存，等到放屁蟲遇到威脅時，牠就會收縮肌肉，讓它們流進「爆炸腔」，混合在一起……

：我以為放屁很簡單。怎麼聽起來好像在做炸藥？

：放屁蟲的屁一點都不簡單。這兩種材料混合以後，再加上爆炸室製造的酵素，會劇烈的放熱，一邊產生「氧氣」和有刺激性的「對苯醌」，一邊把混合的溶液加熱蒸發成氣體……然後用屁股瞄準敵人……「砰」！變成又熱又刺激的「煙霧彈」！

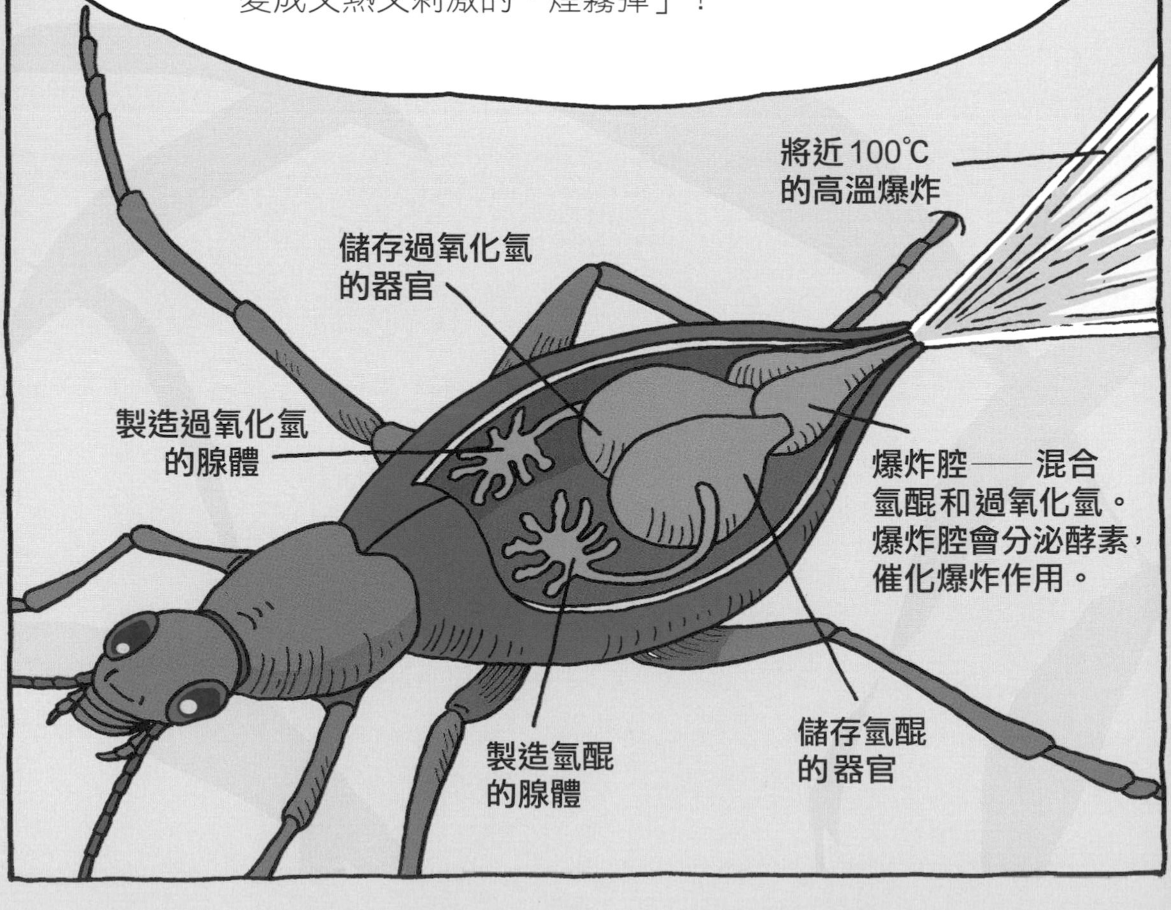
將近100℃
的高溫爆炸
儲存過氧化氫
的器官
製造過氧化氫
的腺體
爆炸腔——混合
氫醌和過氧化氫。
爆炸腔會分泌酵素，
催化爆炸作用。
製造氫醌
的腺體
儲存氫醌
的器官

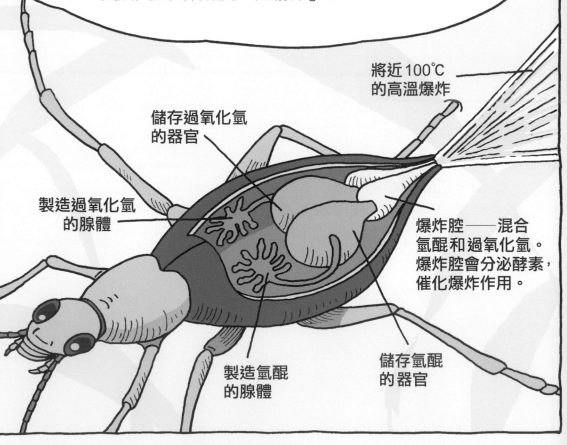

放屁蟲不只神準，還能連續射擊二十次以上！
不管是昆蟲或鳥，被放屁蟲這麼一射！只好乖乖張嘴放人。帥呆了！
有些放屁蟲的尾部可以轉動 270 度，四面八方的敵人幾乎都瞄準得到。
嘻，快逃命。
可是……
不會炸到自己嗎？
屁在體內爆炸，嘿嘿……
砰

才不會！爆炸腔不怕燙。而且爆炸產生的氣體壓力會把腔門回推去，不讓高溫的液體流入體內其他地方，只能往外噴出去！
真巧妙。這是我見過最厲害的炸彈客。
哼！再厲害，再巧妙，也不能在暗夜的路邊偷襲我心愛的女友啊！
我想，放屁蟲絕對不是故意的……
!

我們「放屁者聯盟」的成員，放屁都只是為了趕走敵人，幾乎不會主動傷人……
嗚……
狐臭嗎？
臭死了，應該很難吃吧。
饒你一命，
Bye Bye～
保平安
我猜，是你女友的手不小心揮到在路邊休息的放屁蟲……
嚇！
啊！
BOOOM!!!

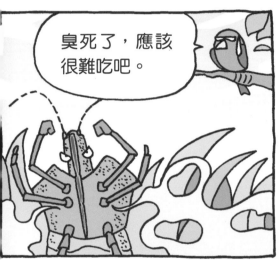

放屁者聯盟
放屁蟲
放屁部位：
腹部尾端。
屁的成分：
將近 100℃ 的灼熱氣體加液體。
屁的效果：
使敵人灼傷、嚇走敵人。
馬 陸
放屁部位：
部分體節兩側的臭腺孔。
屁的成分：
臭液揮發出臭味。
屁的效果：
大部分是趕走敵人。但有些種類會放出劇毒的氫化物毒死敵人。

主要成員
鞭蠍
放屁部位：
腹部最後一節的肛門腺開口。
屁的成分：
具有味道濃烈的醋酸。
屁的效果：
把敵人嗆走。
椿象
放屁部位：
胸部腹面的臭腺孔。
屁的成分：
臭液揮發出臭味。
屁的效果：
臭走敵人。

聽起來有道理……
我看，多一事不如少一事。既然不是故意的，這次就算了，好嗎？
拜託～我代替我的偶像向您致歉～
可是……
可是……
……
咕！

……
……
咕！
轟
又來了！你昨天到底吃了什麼？
只是一點地瓜而已……
讚！
轟天雷！
偶像，可以幫我簽名嗎？

你也想加入放屁者聯盟嗎？

人類啊？我來看看你們有什麼能耐……

人類也是放屁大王，健康的人一天要放 400c.c. 以上的屁。只是有時候聲音很響，有時候卻無聲無息。

人屁的成分？

氮氣、氫氣、二氧化碳（不會臭，占 90% 以上）＋含硫的氣體。（有臭味，只占 1%）

人屁哪裡來？

吞進肚子的空氣＋食物被細菌分解產生的氣體＋從血液滲入腸胃的空氣。

憋屁會怎樣？

屁會被腸子的管壁吸收，然後隨著血液循環到腎臟、肺臟或身體其他部位。

比我還臭！你被錄取了！

我的辦案心得筆記

報案人：鼴鼠

報案原因：不明昆蟲「放屁」炸傷鼴鼠的女友

調查結果：

1. 有人把椿象叫做「放屁蟲」。其實真正的「放屁蟲」是一種步行蟲，又稱「砲步甲」、「投彈甲蟲」，以後千萬別搞混。

2. 放屁蟲放「熱屁」是為了保護自己，驅趕螞蟻、蜘蛛、鳥類或蛙類等天敵。

3. 人類的「屁」是食物消化過程中，產生的氣體。而放屁蟲的「屁」是分泌特殊的化學物質所製造的爆炸性防衛武器。此屁非彼屁，不一樣喔。

4. 鼴鼠加入「放屁者聯盟」，已經和放屁蟲成為好朋友，並列為最高等級的放屁高手。

違反空氣污染防制法

調查心得：

噗噗噗噗，砰～ 臭屁熱屁，連環屁；
噗噗噗噗，砰～ 再不走開，薰死你！

噴膠怪客SOS！

刷
刷
噴
吼
!
哇
偶像！
喔耶！
呵～
哇
啪
啪
啪
啪
啪
啪
啪

SPIDER
真好看！
又酷又帥，
蜘蛛人好厲害！
呵～～
真不懂～要看蜘蛛滿街都是，幹麼花錢買票還浪費時間看假的蜘蛛人啊？
這叫藝術！
不准你說蜘蛛人壞話！
可是假日不能在家休息，好累啊……
哼！

咻～啪！
黏
!
?
嘴張不開？
……
咿……
唔……
讓我來！

：小姐您好。我是蜘蛛人玩具公司的森林特派員，這套「噴絲器遊戲組」是本公司最新產品，您一定要買一套，體驗一下當蜘蛛人的快感。

：好耶！怎麼玩？會不會很難？

：操作很簡單！只要像這樣，裝在手腕上⋯⋯

用力一按！
嗞
咻～啪！
！
哈哈哈哈！
好好玩！我要買！
……
可是……
等一等……
！
森林裡哪來那麼多蜘蛛絲？你們的產品該不會是化學藥品做的，有沒有毒啊？
呃……不瞞您說，我們的黏膠不是蜘蛛絲，是比蜘蛛絲更厲害的「櫛蠶」膠，完全純天然，您請放心。
櫛蠶？我沒聽過這種動物。
櫛蠶是動物世界的射擊高手。有一天……

櫛蠶小檔案

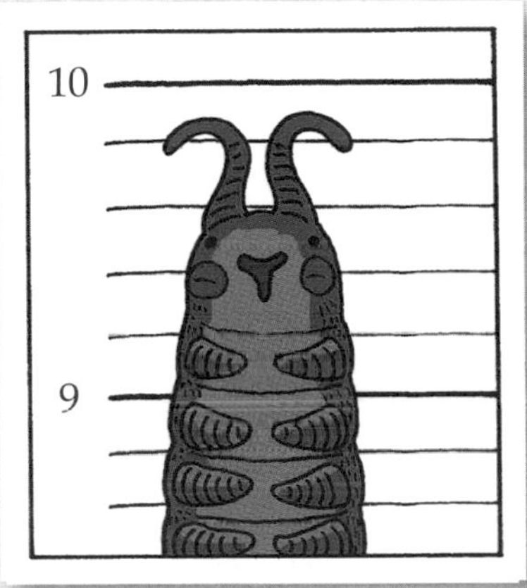

（單位：公分）

姓 名	櫛蠶（又名「天鵝絨蟲」）
分 布	熱帶雨林或南半球的溫帶森林中。
特 徵	常被誤認為毛毛蟲或蜈蚣，但其實屬於古老的「有爪動物」，腳上有爪，腳內中空，沒有骨骼、也沒有關節。白天喜歡躲在陰暗潮溼的狹縫裡，夜晚或下雨過後，才出外獵食小昆蟲。
特殊表現	能從頭部兩旁伸出觸鬚，朝著對手噴射「黏膠」。

……我在熱帶雨林裡夜遊，親眼看到他們的神槍絕技，才決定開發這款產品。
在黑暗中，我目擊一隻倒楣的甲蟲遇上了櫛蠶……
往哪跑？看我的！
唔……
膠槍射擊！
唰——
嗚喔喔喔喔……

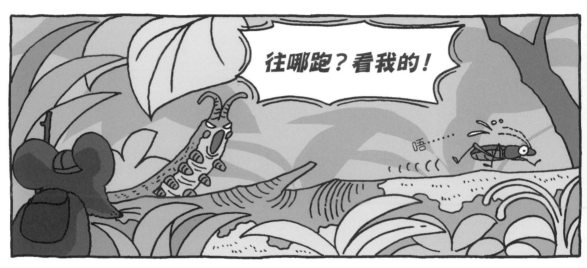

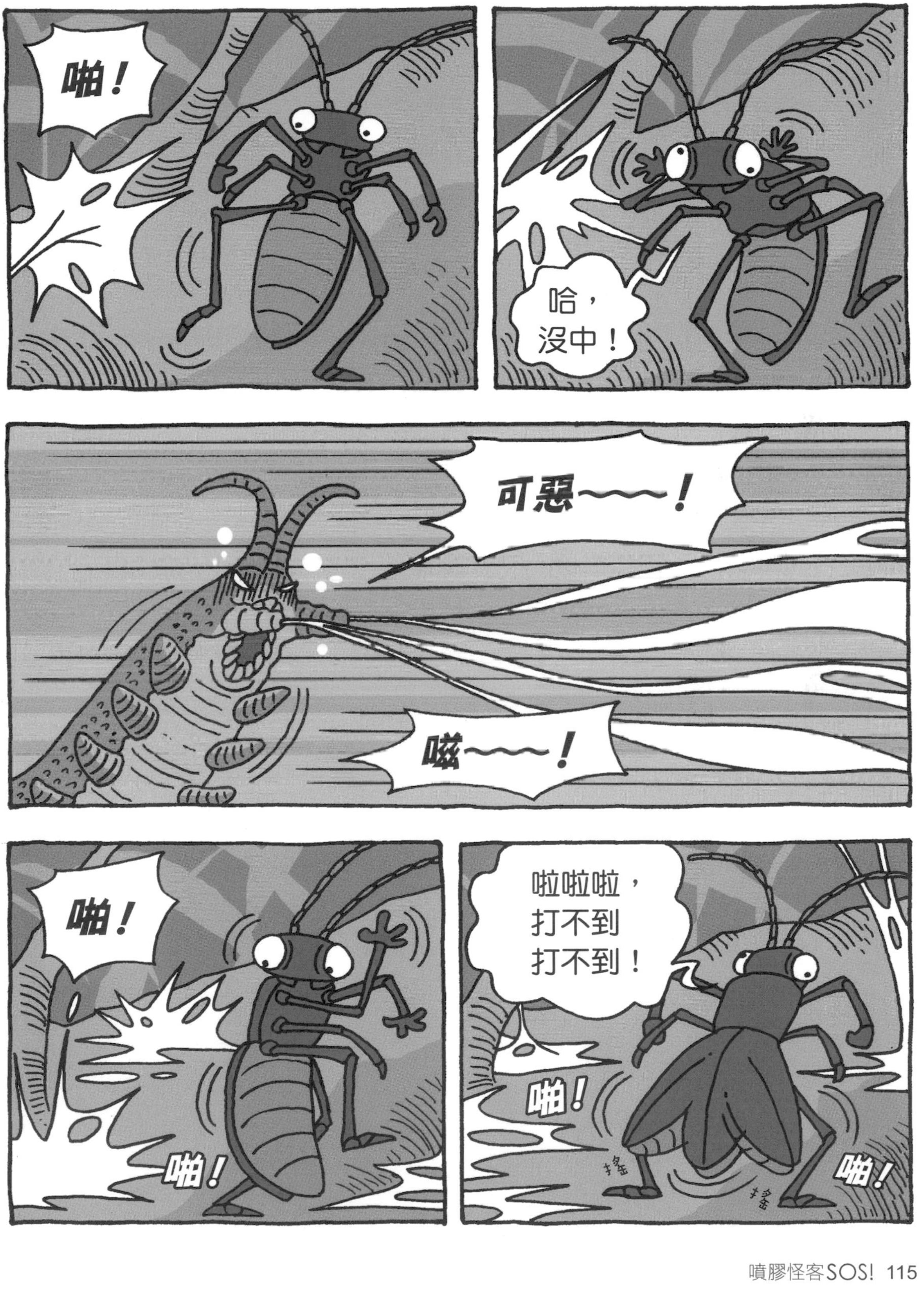
啪！
哈，
沒中！
可惡～～～！
嗞～～～！
啪！
啪！
啦啦啦，
打不到
打不到！
啪！
搖
搖
啪！

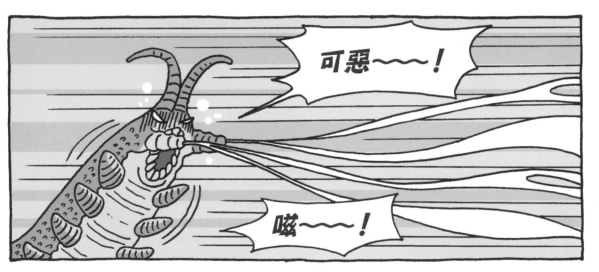

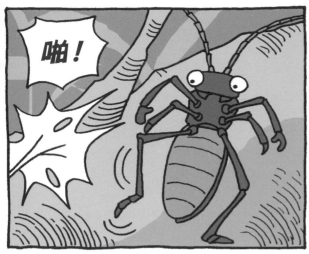

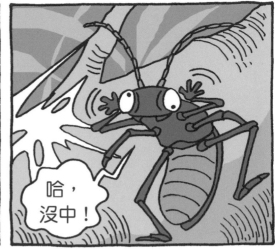

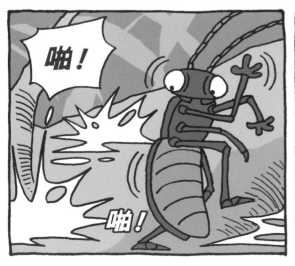

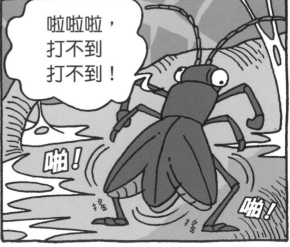

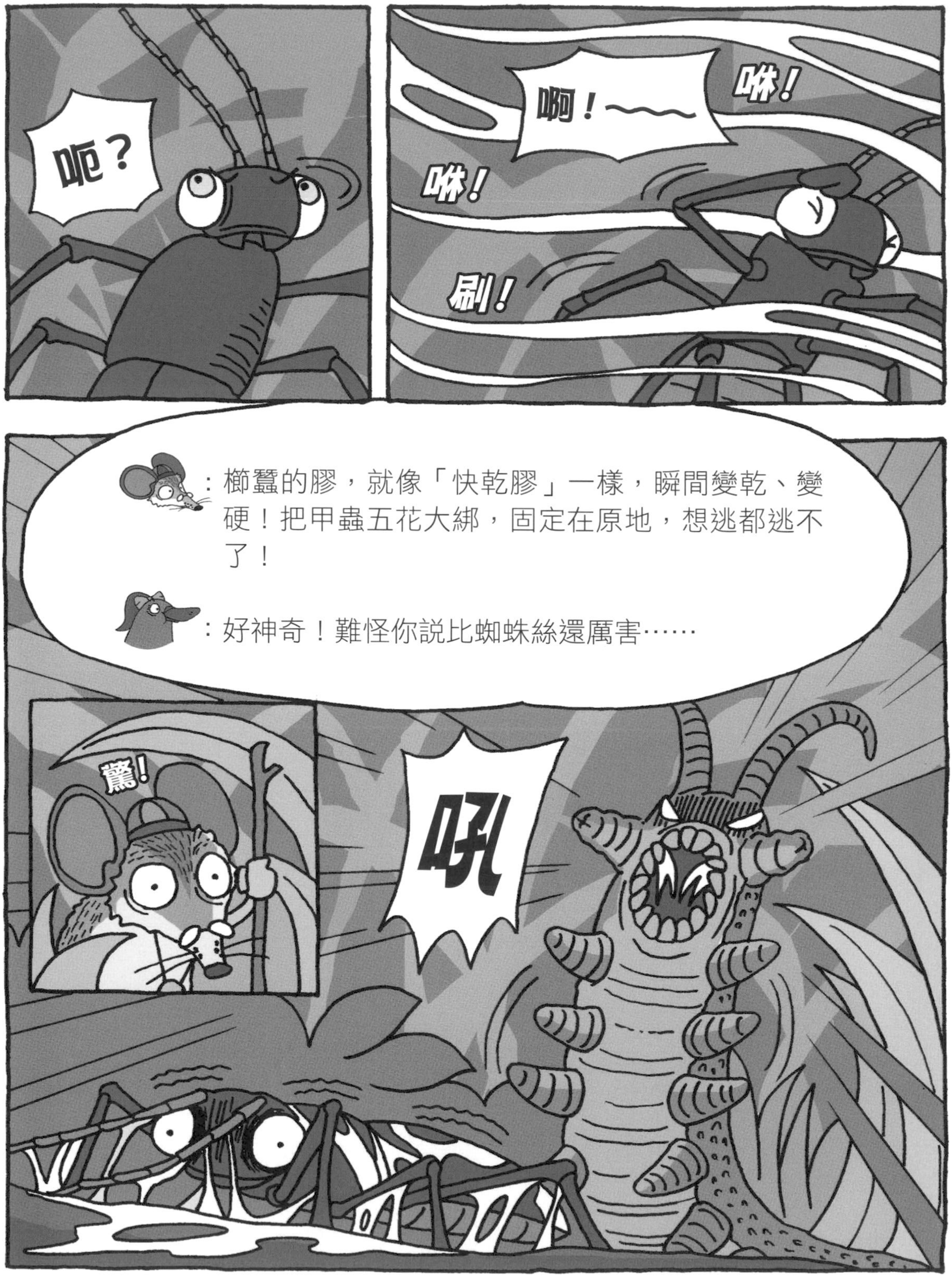
呃？
啊！~~~
咻！
咻！
刷！
：櫛蠶的膠，就像「快乾膠」一樣，瞬間變乾、變硬！把甲蟲五花大綁，固定在原地，想逃都逃不了！
：好神奇！難怪你說比蜘蛛絲還厲害……
驚！
吼

所以我找他一起合作。這套商品……
就是這麼來的。超好玩唷！
可以用來捕捉獵物、
惡搞同學、
或是黏東西，也很實用。
嗞

櫛蠶的狩獵配備

櫛蠶在暗夜的森林裡神出鬼沒。牠們看起來軟綿綿、黏呼呼的，一點兒也不起眼，實際上卻是打獵高手，全身上下都有非常獨特的打獵裝備。

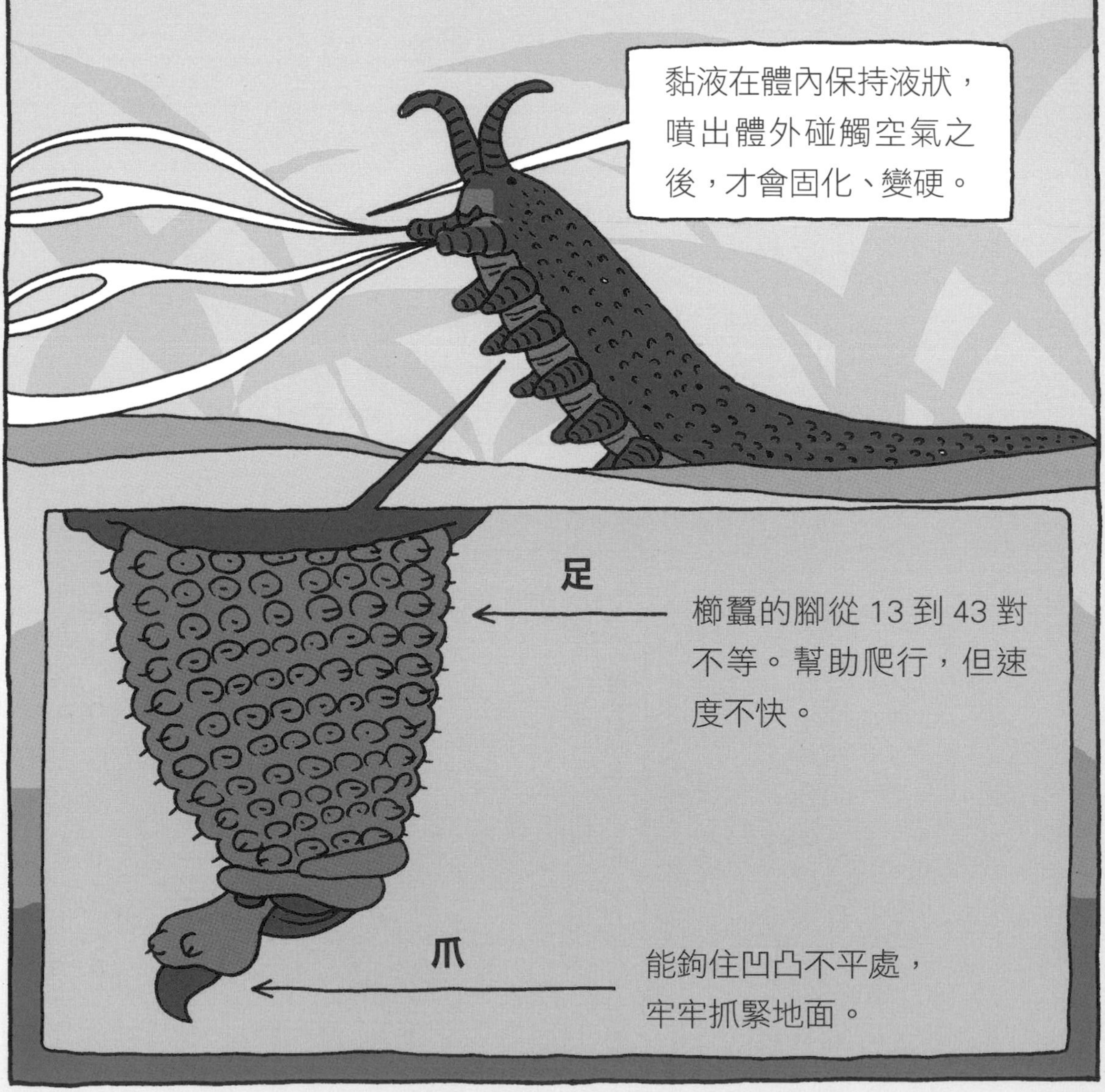
黏液在體內保持液狀，
噴出體外碰觸空氣之
後，才會固化、變硬。
足
櫛蠶的腳從 13 到 43 對
不等。幫助爬行，但速
度不快。
爪
能鉤住凹凸不平處，
牢牢抓緊地面。

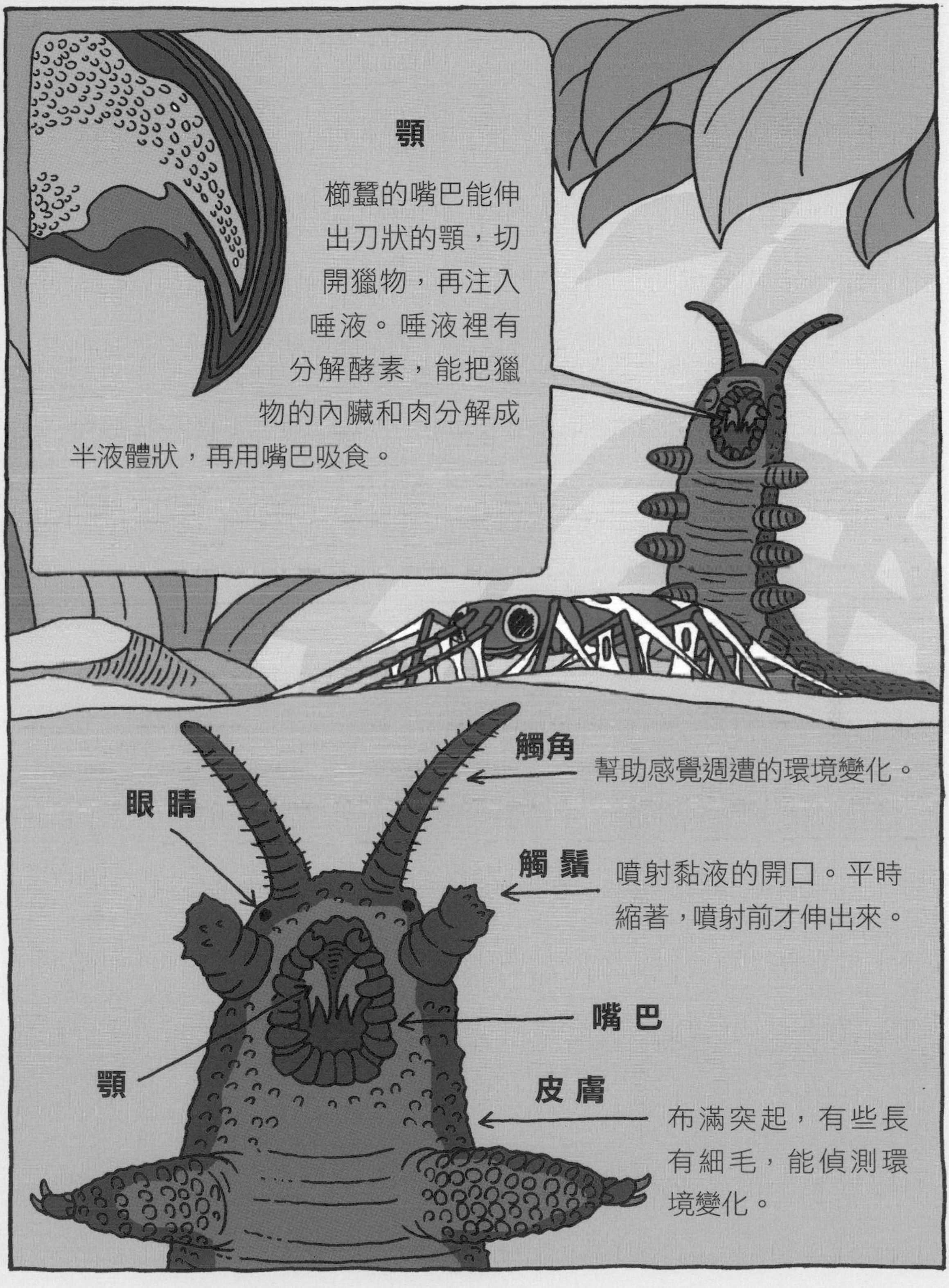
顎
櫛蠶的嘴巴能伸出刀狀的顎，切開獵物，再注入唾液。唾液裡有分解酵素，能把獵物的內臟和肉分解成半液體狀，再用嘴巴吸食。
觸角
幫助感覺週遭的環境變化。
眼睛
觸鬚
噴射黏液的開口。平時縮著，噴射前才伸出來。
嘴巴
顎
皮膚
布滿突起，有些長有細毛，能偵測環境變化。

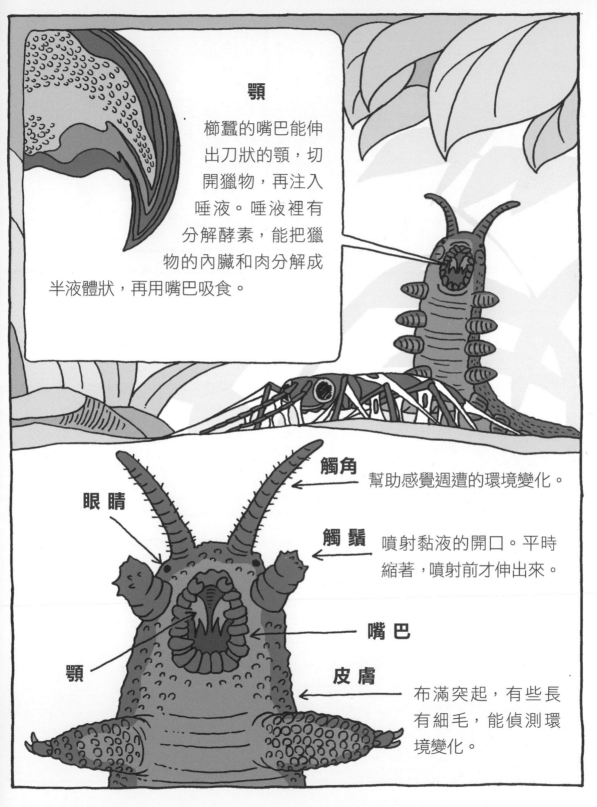

老闆，我要買一套，謝謝！
嘻嘻，親愛的，我多買一些好不好……
蝦咪？
嗯啊
唔啊
嗚恩
不回答就表示贊成囉。老闆，我要買十組，送給親戚朋友一起玩。
小姐好眼光。好玩的話，下次再來找我買！
哼

ㄎㄎㄎ……
大賺一票……
太好了。回家馬上找人來玩……
咻～啪！
可惡！又來了！
?
?
你頭後面黏了一張紙條……
上面寫……
SOS！救我們

咻～啪！
咚！
是後面！從車箱裡面發出來的！
呀——
看我的！
磅
你們……
還好嗎？……

：終於得救，太好了！我們是櫛蠶。謝謝你們！
：櫛蠶？老闆說，你們是他的合作夥伴？
：才怪！他把我們騙來，然後把我們關起來、強迫我們擠出黏膠，讓他拿去賣錢、獲取暴利！
：好黑心！老闆竟然是壞人！

我幫你們解開，一起去找他算帳……
好！
糟糕……
被發現了，快溜。
他要逃走了，趕快追！
別急別急，交給我們就好了。

咻！咻咻咻——！
嗞～
慘了！
嗚，動彈不得。

YES！壞老闆束手就擒！櫛蠶的絕招好厲害！
不虧是我女朋友。
！
等等，不能吃他！
吼
壞人要接受法律的制裁，千萬不能自己報仇……
咳
咳
?
小姐，妳誤會了啦……

我們是在把寶貴的「黏膠」吃回來，這樣才能「資源回收、再利用」……
吃
吃
吃

櫛蠶的黏液如果用光，要花大約 24 天才補得回來。所以櫛蠶打獵後，會儘量把變硬的黏液吃回肚子裡，以便回收原料再製造。

不是要吃掉他，請放心。
?
不好意思，為了求救，害你不能說話，我幫你清除嘴裡的黏膠！
鏘！
這姿勢看了讓人好臉紅……不要亂動……
再一下就好……

我的辦案心得筆記

報案人：櫛蠶

報案原因：櫛蠶被黑心老闆強迫不斷的製造黏膠

調查結果：

1. 櫛蠶會噴射「快乾」黏膠黏住昆蟲，再咬破昆蟲的身體、注入唾液，把獵物的肉和內臟消化成半液體狀，再吸進嘴裡。

2. 櫛蠶的長度從一公分半到十幾公分都有。大型的櫛蠶可以把黏膠噴到三十公分的遠處。

3. 櫛蠶的黏液在體內是液體狀。噴出體外接觸空氣後，才會迅速變硬。

妨礙自由

調查心得：

櫛蠶櫛蠶，神槍手；噴出膠水，變網繩。
櫛蠶櫛蠶，口水王；吐入蟲體，做奶昔。

小木屋派出所新血召募
想和動物警察達克比一起出任務嗎？請先在下頁中的圖片裡，找出錯誤的地方，測試自己辦案的能力吧！

拿出達克比辦案的精神，仔細看看圖，有沒有哪裡怪怪的呢？

請分別說說看：我覺得 ____________ 怪怪的，應該是 ______ 才對，因為 ___________________。這張圖出現在第 ____ 頁。

1
不管是昆蟲或鳥，被放屁蟲這麼一射！只好乖乖張嘴放人。帥呆了！

跟達克比一起辦案！

2
命中目標！
血很珍貴，真浪費……

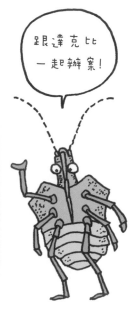

我要投
球囉。
預備！

不行！

咻！咻咻咻——！

這些圖在書裡
出現過喔！
我們來找找看，
錯誤在哪裡。
好！大家
一起找！

解答篇

1
不管是昆蟲或鳥，被放屁蟲這麼一射！只好乖乖張嘴放人。帥呆了！

2
命中目標！
血很珍貴，真浪費……

我只找到一個……

3
我要投球囉。
預備！

4
不行！

5

1. 放屁的昆蟲怪怪的，應該是放屁蟲，不是蜂，放屁蟲用放屁嚇跑敵人。97 頁。
2. 噴血的動物怪怪的，應該是角蜥蜴，不是蛙，角蜥蜴噴血轉移敵人的注意，再趁機逃走。53 頁。
3. 挵蝶幼蟲屁股投出的東西怪怪的，應該是糞球，不是花，牠要把糞球丟得遠遠的才能躲過天敵的攻擊。30 頁。
4. 袋子裡的寶寶怪怪的，應該是暴風鸌小寶寶，不是射水魚，因為暴風鸌小寶寶要吐出惡臭的嘔吐物嚇走敵人。41 頁。
5. 這張圖沒有怪怪的，櫛蠶噴出黏膠捕捉獵物。125 頁。

● 你答對幾題呢？來看看你的偵探功力等級。

兩題 ■■ ☹ 再加油嘍！
三題 ■■■ ☺ 不錯耶，可以去小木屋派出所實習。
四題 ■■■■ ☺ 恭喜你，可以跟達克比去辦案！
五題 ■■■■■ ☺ 哇，你比達克比還厲害耶！

預告
有一天，達克比發現，跟他從小一起長大的青梅竹馬——鴿子，家裡竟然……
!
善良的阿瓜怎麼變成殺人狂？
咦？好像有誰在叫我？

到底發生什麼事？　請看下集分解

達克比辦案❸

放屁者聯盟 動物世界的射擊高手

作者｜胡妙芬
繪者｜彭永成

責任編輯｜蔡珮瑤
封面設計、美術編輯｜蕭雅慧
行銷企劃｜陳詩茵、劉盈萱

天下雜誌群創辦人｜殷允芃
董事長兼執行長｜何琦瑜
媒體暨產品事業群
總經理｜游玉雪
副總經理｜林彥傑
總編輯｜林欣靜
行銷總監｜林育菁
主編｜楊琇珊
版權主任｜何晨瑋、黃微真

出版者｜親子天下股份有限公司
地址｜台北市 104 建國北路一段 96 號 4 樓
電話｜（02）2509-2800　傳真｜（02）2509-2462
網址｜www.parenting.com.tw
讀者服務專線｜（02）2662-0332　週一～週五：09:00~17:30
讀者服務傳真｜（02）2662-6048
客服信箱｜parenting@cw.com.tw
法律顧問｜台英國際商務法律事務所・羅明通律師
製版印刷｜中原造像股份有限公司
總經銷｜大和圖書有限公司　電話｜（02）8990-2588

出版日期｜2015 年 2 月第一版第一次印行
　　　　　2024 年 7 月第一版第三十七次印行
定 價｜300 元
書 號｜BCKKC042P
ISBN｜978-986-398-010-0（平裝）

訂購服務：
親子天下 Shopping｜shopping.parenting.com.tw
海外・大量訂購｜parenting@cw.com.tw
書香花園｜台北市建國北路二段 6 巷 11 號
　　　　　電話（02）2506-1635
劃撥帳號｜50331356 親子天下股份有限公司

國家圖書館出版品預行編目（CIP）資料

達克比辦案 3, 放屁者聯盟 / 胡妙芬文 ; 彭永成圖 . -- 第一版 . -- 臺北市 : 天下雜誌, 2015.02

132 面 ;17 ＊ 23 公分

ISBN 978-986-398-010-0(平裝)

1. 生命科學 2. 漫畫

360　　　　103028004